家常小炒王

美食厨房 编著

成都时代出版社

"炒" 出家常好滋味

　　"小炒"其实是中国民间对简便易做的"炒菜"类菜品的简称，是最能体现中式菜肴"色、香、味、形"诱人特质的烹饪方式之一，也是中餐区别于很多国家美食的一种烹饪方式。其实在中国古代六朝以前，是没有"炒菜"的，直至后来油品丰富后，才使用油炒菜成为可能。据说宋朝时，只有汴梁的酒馆中有炒菜可以品尝，而且是酒肆、饭馆首屈一指的绝活。当时的炒菜还根本不是寻常百姓日常的食物。

　　现如今，炒菜已然成为一种最家常、最受欢迎的菜式。

　　小炒做起来很简单，只需"颠锅挥铲，旺火快炒"，寥寥数分钟，热腾腾的新鲜好菜就可上桌。小炒烹制时，须"热锅、滚油、急火、快炒"，用这样的方法做菜，可以使肉类汁多味美，蔬菜鲜嫩脆爽，而且菜的营养素损失也较少。此外，小炒取材广泛，畜肉、禽蛋、水产、蔬菜果品，都可信手拈来，炒出滋味。所以，无论是为家人每天吃什么而绞尽脑汁的煮妇（夫），还是忙碌的上班族，又或者是意欲尝试下厨房新手，学做几道小炒都是聪明的选择。

　　本书选取了400余道原料易得、做法简便、健康营养的精美小炒，有嗜肉族最爱的肉类小炒、鲜嫩低脂的水产类小炒，还有清新淡雅的蔬菜类小炒，以及营养健康的禽蛋、豆制品小炒。配上详细易学的操作步骤、实用的炒菜小贴士，教您妙手炒出人人都爱的家常好滋味！

第一章　妙手小炒好滋味

第二章　嗜肉族的最爱——畜肉类

第三章　吃出健康好味道——禽蛋类

第四章　聪明人的选择——水产类

第五章 挡不住的美食诱惑——蔬菜类

第六章 忘不了最初的美味——豆制品类

PART 1

Yummy Sauting ABC

妙手小炒 好滋味

　　小炒最能体现中式菜肴"色、香、味、形"的诱人特质。对于新手，小炒易学易做；对于老手，小炒却又最见功夫。每个中国家庭的餐桌上最常见的菜式就是小炒，不论何时，素小炒、肉小炒、荤素搭配炒，都是家人的大爱。

小炒攻略早知道
Tips for Sauting

小炒是家庭厨房中最基本的烹饪技巧之一。它的特点在于：热锅、滚油、急火、快炒。小炒操作方法简单易学，人人都能做。但在炒菜前，我们有必要了解下小炒的相关知识，学习一些最简单、最实用的炒菜小诀窍，才能够快速做出全家爱吃的可口小炒。

花样炒法出美味

小炒的炒法是多种多样的，每一种炒法都有各自的特点及诀窍，采用不同的炒法，做出的菜口感也是不同的。掌握了这些炒法，炒菜简单而愉快！

生炒

生炒，又称"火边炒"，其方法是把改刀后不经焯、煮、上浆、挂糊的原料用旺火、热锅热油炒至五六成熟，然后下入配料及调料，快速翻炒至熟。那些块形较大或不太易熟的原料，也可在炒制时放入少量的汤汁，使原料断生，即可出锅，有的还可以勾点薄芡。成菜特点是汤汁很少，原料鲜嫩。

适用食材：蔬菜、肉类等食材的细嫩部分。

熟炒

熟炒，就是将食材用水煮、烧、蒸、炸等方式加工至半熟或全熟后，放入热油锅内略炒，再依次加入配料、调料或少量汤汁翻炒出锅的一种方法。熟炒的原料一般不上浆挂糊，炒锅离火后，可立刻勾芡，亦可不勾芡。成菜特点是鲜美浓香，如回锅肉等。

适用食材：猪、牛、羊、鸡等肉类。

滑炒

滑炒，即选用质嫩的动物原料，经刀工处理后切成丝、片、丁、条等形状，用蛋液和淀粉拌匀上浆，用温油滑散，倒入漏勺沥去余油，原勺放葱、姜和辅料，倒入滑熟的主料速用兑好清汁烹炒装盘。滑炒时，火候要把握到位，温度过低肉会干老无嚼劲，温度过高则会粘锅。成菜特点是滑嫩香鲜。

适用食材：鸡胸肉，猪里脊肉，鱼、虾等新鲜、质地柔嫩的食材。

爆炒

　　爆炒，分为盐爆、葱爆、油爆三种。这种炒法以小块脆嫩材料为原料，在大火上，极短的时间内灼烫而熟，捞出后加辅料、调料急炒而成。成菜特点是脆嫩可口。

适用食材：带有脆感和韧性的蔬菜，以及鸡胗、鸭肠、肚头、鱿鱼、腰子等动物性食材。

煸炒

　　煸炒，又称干煸或干炒，是一种以较短时间加热成菜的方法，原料经刀工处理后，利用中火和少量的油炒干食材中的水分，当原料见油不见水汁时，加调味料和辅料继续煸炒，至原料干香而成菜的烹调方法。

适用食材：不易煮烂的食材。素菜原料有绿色蔬菜，如青椒、四季豆；荤料有猪肉、牛肉、羊肉等。

软炒

　　软炒，是将生的食材剁成蓉泥状，再加入调味料及高汤搅拌成泥状，倒入热油锅中，以锅铲不停推炒，一直炒至食材凝结，呈现堆雪状的一种技术性炒法。成菜特点是松软细腻，清爽利口。

适用食材：鱼、虾、蛋、鸡肉等。所选食材必须品质纯正、无异味、无杂质、色泽好。

如何炒出美味佳肴

小炒，关键在这个"炒"字上，原料入锅后，需要不断地快速翻炒，而炒菜的火候、油量的多少、调味料的使用，甚至是炒菜锅的选择都会影响炒菜的效果。小炒有诀窍，就看你知道不知道！

选一口好锅，炒一道好菜

市面上炒锅的种类很多，底部形状大致分为圆弧形和平底两种。圆弧形炒锅油分比较集中，用油量相对较少，翻炒比较方便；平底炒锅用油量较多，但受热均匀，适用于较大面积食材的煎制和烹制，例如煎饺子和烹鱼。

家庭使用最多的是价格便宜的铁锅和不锈钢锅两种材质，但这两种炒锅清洗起来都比较麻烦，而且费油。无烟锅、电炒锅等炊具使用方便、烹制快捷，且具保健功能，但价格偏贵。随着人们生活水平的提高，这些炊具开始越来越多地被选购使用。

掌握好火候，炒出色香味

火候是指烹制菜肴时所用的火力大小和时间长短。在小炒中，火候是一大关键！只有火候掌握得恰到好处，才能做出色泽漂亮、滋味鲜美、形态美观的菜肴。火力大小一般可分为大火、中火、小火和微火。

大火

大火又称为旺火、急火或武火，火焰会伸出锅边，火温高而安定，火光呈蓝白色，热度逼人；烹煮速度快，可保留材料的新鲜及口感的鲜嫩，适合的烹调方法有生炒、滑炒、爆炒等。

中火

中火又称为文武火或慢火，火力介于大火及小火之间，火焰稍伸出锅边，火光呈蓝红色，光度明亮；一般适用于烹煮酱汁较多的食物，使食物入味，适合的烹调方法有熟炒、炸等。

小火

小火又称为文火或温火，火柱不会伸出锅边，火焰小且时高时低，火光呈蓝桔色，光度较暗且热度较低；一般适用于烹煮慢熟或不易烂的菜，适合的烹调方法有干炒、烧、煮等。

微火

微火又称为烟火，火焰微弱，火光呈蓝色，光度暗且热度低；一般适用于需长时间炖煮的菜，使食物有入口即化的口感，并能保留材料原有的香味，适合的烹调方法有炖、焖、煨等。

巧妙用油，巧手调味

小炒时，掌握好油温十分重要。过高或过低的油温对成菜的香味会有一定影响。一般来说，油温可分为低油温、中油温和高油温。

低油温

一般为70℃～110℃，俗称三四成热，油的表面稳定、无烟、无响声，适用于软炸、滑炒。

中油温

一般为110℃～170℃，俗称六成热，油面四周向中心翻动，并略有少量的烟，适用于干炸、酥炸、生炒、煸炒等，运用范围广泛。

高油温

一般为170℃～220℃，俗称八成热，油面中间往外翻动，并有大量油烟，用勺搅动有爆裂声，适用于爆炒、炝炸等。

炒菜时加入调味料的顺序是要分先后的。

一般而言，最先加入的是糖或者料酒（也可以是其他酒类）。

其次是盐。

然后是醋。

由于盐对食物有很强的渗透作用，如果盐比糖先加入，糖的味道就不容易进到食物里了，所以，烹饪时应先加糖。酒较先加入是因为酒能去除腥味及软化食物。醋遇热易挥发，所以要放在后面加入。至于生抽、鸡精或味精留到最后加，是因为这样有利于保存它们特有的味道。

最后是生抽、鸡精或味精。

美味小炒有诀窍

小炒看似简单，但要炒得鲜嫩适度、清脆爽口也并不是简单的事情。如何将小炒炒得美味，其中自有诀窍。

焯水

焯水，也称出水、余水等，就是将初步加工的原料放在开水锅中略加热至半熟或全熟，取出以备进一步烹调。它是许多烹调技巧中不可缺少的一道工序。

滑油

滑油，又称划油、拉油等，是将腌过的肉类以中油温滑熟，以此封住肉汁，保持原味，增进食物的滑嫩口感。

上浆

上浆，是将盐、料酒、葱、姜汁等调味品和淀粉、鸡蛋清直接加入原料中拌合均匀成浆流状物质。

勾芡

勾芡，是将调料和水淀粉一起调成味汁，事先备好，当菜肴即将成熟时下锅，或直接用水淀粉在菜品出锅前淋入，将汤汁收浓即可。此方法常用于爆、炒、熘等。

厨房笔记，留住营养

一些不正确的保存、烹制方法，会让食材中大量的维生素在不知不觉中受到破坏，白白损失掉。那么，怎样才能最大程度地保存食材中的营养呢？下面介绍 5 条非常有用的厨房笔记：

低温保存

买回家的新鲜青菜，如果不及时吃掉，维生素就会慢慢散失。如菠菜在 20℃ 左右的环境中存放 2 ~ 3 天后，将损失 80% 的维生素 C。

冲洗再切

很多人喜欢将菜先切再洗，认为这样更加卫生，其实不然。因为蔬菜表面附着的细菌和其他污染物，很容易从切菜的"伤口"进入菜内，同时，菜内的水溶性维生素也会从切口被流水带走。

炒时加盖

不加盖烧菜 7 分钟，维生素 C 损失的程度等同于加盖煮 25 分钟。此外，盖上锅盖烧菜还能有效保存蔬菜中的维生素 B_2 和维生素 A。

大火快炒

大火快炒的菜，维生素 C 的损失率不到 20%；若炒后再焖，菜里的维生素 C 损失将近 60%。所以，炒菜要用大火。这样炒出来的菜，不仅色美味香，营养损失也少。

现炒现吃

有的人为节省时间喜欢提前将菜做好，在锅里温着等家人、客人来了再吃，这种做法是欠妥的。因为，青菜中的维生素 C 在烹调中会损失 20%，溶解在菜汤中会损失 25%，如果再在火上温 15 分钟，会再损失 20%，共计 65%。这样，我们所能得到的维生素就所剩无几了。

二 成就小炒下饭菜
To Make a Tasty Sauted Dish

小炒是人们生活中最普遍的烹饪方法之一，其取材广泛，涵盖动物畜肉类、禽蛋水产类、蔬菜果品类及山珍海味类。不管什么食材，只要加工得当，基本都能制成一道美味可口的小炒。

选对食材，
小炒才对味儿

四季小炒有讲究

小炒一般都是采用常见的食材，但并不是所有的食材都能直接用来小炒，比如：

鱼一般用来红烧、清蒸、水煮。如果用来炒，需要处理成鱼片或鱼丁，或者事先经过特殊处理，如上浆炸、余水等。

菠菜含有草酸和钙，草酸与钙结合后会产生沉淀。炒菠菜时，应焯水后再炒，这样可去除草酸与菠菜的涩味，其所含的钙也便于被人体吸收。

春季多雨、潮湿，病毒活动力增强，容易侵入人体而致病，因此在饮食上要摄取足够的维生素和无机盐。此外，春季是肝火旺盛之时，饮食要以养肝为先。多食用羊肉、鸡肉、菠菜、韭菜、春笋等能够养肝护肝、增强免疫力的食材。

夏季炎热，人体容易出现消化能力减弱、食欲不振等，宜多吃些清淡、易消化的食物。此外，夏季人体代谢旺盛，出汗多，应多食用富含维生素、矿物质、氨基酸的食材以补充能量。适合夏季食用的小炒食材有鸭肉、鹅肉、黄瓜、苦瓜、绿豆芽、冬瓜、木耳、莲子、杏仁等。

秋季风干物燥，应注重滋阴润燥，乌鸡肉、红薯、鸭蛋、胡萝卜、芋头、马铃薯、芝麻、白果、山药等都是秋季非常好的小炒食材。

冬季寒冷，应避寒就温、敛阳护阴，多食用富含碳水化合物和脂肪的食物。此外，冬季绿色蔬菜较少，更应注意摄取一定量的黄绿色果蔬。羊肉、狗肉、兔肉、海带、花椰菜、香菇、胡萝卜、栗子、桂圆等都是冬季小炒不错的选择。

PART 2

第二章

The Favorite of Meat Tooth: Meat

嗜肉族的*最爱*
——畜肉类

畜肉是小炒中最基本的食材，一般包括猪、牛、羊等牲畜的肌肉、内脏及其制品，其肌色较深，呈暗红色，故有"红肉"之称。畜肉类富含蛋白质，脂类，A、B族维生素，铁，锌等矿物质，是动物性蛋白质的主要来源。

用畜肉炒出来的菜，无论是质软味鲜的猪肉，还是营养丰富的牛肉，或者是鲜嫩可口的羊肉，都是观之色泽诱人，入口肉香浓厚，让人垂涎欲滴。

洋葱炒肉

原材料 猪肉200克，洋葱50克，青、红椒各1个，豆豉适量，姜丝、蒜片适量

调味料 盐、鸡精、生抽、料酒、醋、淀粉、油各适量

制作方法

◎将猪肉洗净，切片，用盐、淀粉、料酒、醋（几滴）腌拌；洋葱洗净，切丝；青、红椒洗净，切片。

◎净锅注油，烧热，放入腌好的猪肉，大火翻炒几下，出锅备用。

◎净锅注少量油，烧热，下姜丝、蒜片爆香，加入青、红椒片和洋葱丝翻炒，至洋葱变软时，烹入适量盐，炒匀，加入炒好的猪肉略翻炒几下，加醋、生抽、料酒、豆豉，翻炒至入味，加适量鸡精炒匀即可。

农家小炒肉

原材料 五花肉300克，青、红尖椒各50克

调味料 剁椒、蒜、姜、盐、鸡精、生抽、料酒、醋、油各适量

制作方法

◎将青、红尖椒切圈；五花肉切片；姜切丝；蒜切片。

◎净锅注油，烧热，下肉片煸炒出油，出锅备用。

◎锅底留油，下姜丝、蒜片爆香，再下入青、红尖椒、剁椒，略微翻炒，加入肉片，炒匀，烹入盐、鸡精、生抽、料酒、醋少许，炒匀即可。

> **厨房笔记：**青、红尖椒、肉丝要先分开炒好后再合炒，这样才容易熟度均匀；可依据个人口味加上黄酱，别具风味。

玉米炒肉丁

原材料 玉米粒300克，猪肉50克，青豆100克，红椒粒适量

调味料 盐5克，鸡精3克，生抽5毫升，油适量

制作方法

◎将猪肉洗净切丁；玉米粒洗净；青豆洗净，煮至七成熟捞出沥干，备用。

◎净锅注油烧热，将猪肉丁煸炒至变色，下入玉米粒、青豆、红椒粒，翻炒两分钟，再加少许水，下盐翻炒至水分收干，放入鸡精、生抽，炒匀即可。

荷兰豆炒肉

原材料 荷兰豆200克，猪肉100克

调味料 盐5克，鸡精3克，蚝油、生抽各5毫升，油适量

制作方法

◎将荷兰豆去掉老筋，洗净；猪肉洗净切片，备用。

◎净锅注油，烧热，下猪肉炒至变色，烹入生抽略烧片刻，盛出备用。

◎另起锅，注油烧热，将荷兰豆倒入，翻炒至八成熟，加盐、鸡精、蚝油调味，出锅即可。

> **厨房笔记：** 腊肉、腊肠也非常适合炒荷兰豆。

葱炒里脊

原材料 里脊肉200克，大葱2根

调味料 淀粉5克，料酒10毫升，胡椒粉3克，盐5克，生抽5毫升，白糖8克，鸡精少许，姜末、蒜末少许，油适量

制作方法

◎将大葱斜切成长约5厘米；里脊肉切成薄片，加料酒、淀粉、盐、生抽、胡椒粉拌匀，腌5分钟。

◎净锅注油，烧热，爆香姜、蒜末，放入里脊肉，翻炒至变色，下入葱段、白糖、盐翻炒，出锅前加鸡精炒匀即可。

> **厨房笔记：** 放入大葱后要快速翻炒，否则大葱会蔫，影响口感。

双椒炒肉

原材料 猪肉200克，青、红椒各50克

调味料 盐5克，鸡精3克，生抽5毫升，姜、蒜、料酒各适量，五香粉少许，油适量

制作方法

◎将猪肉洗净，肥、瘦肉分别切成片，将瘦肉加2克盐、料酒、五香粉拌匀，腌渍10分钟左右；青、红椒洗净，切成条状；姜、蒜切末。

◎热锅注油，烧热，放入肥肉煸炒出油，下姜、蒜末炒香，再加入瘦肉翻炒至变色，下青椒、红椒，烹入生抽、盐快速翻炒，最后加鸡精调味即可。

辣椒炒肉

原材料 去皮五花肉400克，青、红椒各1个

调味料 盐5克，鸡精2克，生抽、料酒适量，香油少许，油适量

制作方法

◎将去皮五花肉洗净切成小薄片，用生抽、料酒腌好；青、红椒洗净切成小片。

◎先往锅里放少许油，烧热，放入腌好的五花肉，炒熟后均匀置于盘内。

◎重新起锅，将青、红椒炒至表面起焦皮时，放入少许油，用大火炒，然后再倒入刚刚炒熟的五花肉，依个人口味加入适量盐、鸡精，拌入少许香油，搅匀即可。

萝卜干炒五花肉

原材料 五花肉100克，萝卜干100克，青蒜适量、芹菜各少许

调味料 盐3克，鸡精2克，生抽5毫升，白糖、油各适量

制作方法

◎将萝卜干先用水泡开，切片备用；青蒜洗净，切段备用；芹菜去叶留梗，切成段；五花肉洗净，切片备用。

◎锅里加油和少许盐，热开，放五花肉中火煸炒至肉质略呈焦黄。

◎加入青蒜、芹菜、萝卜干翻炒，起锅前加入白糖、生抽、鸡精、盐调味即可。

泡菜炒肉

原材料 里脊肉100克，泡菜200克，洋葱50克

调味料 盐5克，鸡精3克，胡椒3克，淀粉、料酒、油各适量

制作方法

◎将里脊肉切片，用淀粉、盐、料酒稍腌片刻；泡菜切条或粗丝备用。

◎锅中多放点油，热锅凉油，放入肉片滑开，捞出沥干油分。

◎锅中留少许底油，放入泡菜翻炒，如炒至锅内无水，可加适量水，保持锅里有汤汁。待泡菜的味道炒出来之后，放入肉片及盐、鸡精、胡椒翻炒均匀即可。

鱼香肉丝

原材料 猪肉350克，水发玉兰片100克，水发木耳25克，泡红尖椒15克

调味料 盐3克，姜5克，蒜10克，葱末10克，生抽10毫升，醋5毫升，白糖15克，鸡精1克，淀粉25克，高汤、油各适量

制作方法

◎将猪肉切成丝，加盐、淀粉拌匀腌渍片刻；玉兰片、木耳洗净，切成丝；泡红尖椒剁细；姜、蒜切细末。

◎用盐、生抽、醋、白糖、鸡精、淀粉及高汤兑成糖醋汁。

◎炒锅置旺火上，放油烧热，下肉丝炒散，加入红尖椒、姜、蒜末炒出香味，再放木耳、玉兰丝炒匀，烹入糖醋汁，迅速翻炒，加鸡精调味，出锅后下入葱末拌匀即成。

肉丝炒白菜梗

原材料 瘦肉100克，大白菜200克，香菜20克

调味料 盐、鸡精、淀粉、料酒、白胡椒粉各少许，香油5毫升，油适量

制作方法

◎将瘦肉切丝，加淀粉、料酒、白胡椒粉拌腌10分钟；大白菜去叶留梗，切丝，用盐腌3~5分钟，洗净沥干水分；香菜洗净，切成小段。

◎净锅注油，烧热，下肉丝炒至断生，再放入大白菜梗翻炒，烹入盐、鸡精翻炒均匀，淋入香油，撒上香菜段即成。

> **厨房笔记：**起锅时可根据个人口味加入香醋。

酸白菜炒肉末

原材料 酸白菜200克，猪肉100克

调味料 盐5克，白糖3克，葱末、姜末各适量，干辣椒15克，油适量

制作方法

◎将酸白菜洗净，切碎；猪肉剁成末；干辣椒切碎备用。

◎锅内放少许油，煸干酸白菜。

◎另起锅，下油烧热，爆香姜末，下入肉末、干辣椒翻炒至香，再放入酸白菜，烹入盐、白糖翻炒均匀，撒上葱末即可。

> **厨房笔记：**酸白菜要炒干水分吃起来才香。

雪里红肉末

原材料 雪里红 300 克，猪肉末 150 克，红尖椒 50 克

调味料 生抽 10 毫升，料酒 10 毫升，盐 5 克，鸡精 3 克，葱 1 根，油适量

制作方法

◎洗净红尖椒、雪里红和葱；雪里红沥干水，切成小段；红尖椒切末；葱切末备用。

◎倒油入锅，先爆香葱末、尖椒末，再放入肉末炒散，直至肉色变白。

◎将雪里红倒入炒 30 秒，加生抽、料酒、鸡精和盐翻炒几下即可。

三椒肉末

原材料 猪肉末 200 克，青椒 50 克，剁椒 30 克，白辣椒 50 克

调味料 盐 5 克，鸡精 3 克，醋 2 毫升，姜末、蒜末、油各适量

制作方法

◎将青椒洗净、切碎；白辣椒切碎备用。

◎净锅上火，注油，下入肉末炒香，调入盐，炒至入味，盛出。

◎热锅注油，下入姜末、蒜末、剁椒、青椒、白辣椒炒香，加入肉末、醋、盐、鸡精，翻炒均匀，即可出锅。

京酱肉丝

原材料 瘦猪肉 250 克，香菜 20 克，黄瓜 50 克，腐皮 20 张，鸡蛋 1 个，大葱 250 克

调味料 甜面酱 80 克，料酒、鸡精、盐、姜汁、淀粉各适量，白糖 20 克，油 150 毫升

制作方法

◎将瘦猪肉洗净切丝，加入料酒、盐、鸡蛋液、淀粉拌匀，腌渍片刻。

◎将大葱洗净，切成细丝；黄瓜洗净，去皮，切成细丝；香菜洗净，切段；腐皮放入沸水锅中余烫片刻，盛出，沥干水分。

◎净锅上火，放油烧热，倒入肉丝滑散至八成熟，盛出；锅底留油，倒入甜面酱略炒，加姜汁、白糖翻炒，待白糖炒化、酱汁变稠时，加入肉丝，翻炒至酱汁均匀裹在肉丝上，再加鸡精调味即可出锅；配葱丝、黄瓜丝、香菜段、腐皮装盘上桌；食用时，将葱丝、肉丝、香菜段、黄瓜丝用腐皮包裹成卷即可。

香菇炒肉

原材料 猪肉150克，香菇200克，芹菜50克

调味料 油20毫升，料酒、生抽各5毫升，淀粉5克，盐、鸡精、胡椒粉各适量

制作方法

◎将猪肉洗净，切片，用生抽、盐、料酒、淀粉腌10分钟左右；香菇洗净，切小块，焯水沥干；芹菜摘叶，切成段，备用。

◎净锅上火，注油烧热，放入猪肉，以大火翻炒至变色，下入香菇、芹菜，加少量水继续翻炒几分钟，调入盐、鸡精、胡椒粉，翻炒均匀即可。

西葫芦炒肉

原材料 西葫芦500克，猪瘦肉100克，鸡蛋清15毫升，大葱10克

调味料 盐3克，生抽15毫升，玉米淀粉25克，香油5毫升，料酒、鸡精、油各适量

制作方法

◎西葫芦洗净，切成约0.4厘米厚的菱形片；猪瘦肉切条，用盐、鸡蛋清、玉米淀粉稍腌片刻。

◎炒锅放油以中火烧至五成热时，放入西葫芦稍炸约30秒，捞出沥油；然后放入肉条滑散，捞出沥油。

◎锅留底油，烧至七成热放入肉片烹料酒、生抽稍炒，再加盐、鸡精拌匀，用淀粉勾芡，淋入香油，装盘即可。

> **厨房笔记：**将西葫芦炸一会儿可锁住西葫芦中的水分。

白辣椒炒肉

原材料 鲜猪肉150克（肥瘦参半），白辣椒300克，红尖椒2个，青蒜适量

调味料 姜10克，生抽5毫升，盐、鸡精少许，油适量

制作方法

◎将白辣椒用开水泡几分钟，再用冷水洗两遍，切碎装盘；肉洗好切成片；姜与红尖椒洗净切碎；青蒜洗净后切段。

◎将切好的肥肉放到锅内炼油，等肥肉的油差不多炼干时，倒入瘦肉和姜、红尖椒，放入少许的盐，稍拌。

◎待瘦肉由红转白，至半熟状态时，倒入切好的白辣椒，改用大火炒；然后放入青蒜段、生抽，起锅前放少许鸡精拌匀即可。

洋葱小炒肉

原材料 猪肉 200 克，洋葱 50 克，青椒 50 克

调味料 蒜、姜、盐、鸡精、生抽、料酒、醋、豆豉、油各适量

制作方法

◎洋葱切丝；青椒切片；猪肉切片；姜切丝；蒜切片。

◎将油烧热，放入姜丝、蒜片，待爆出香味后，将肉片和洋葱丝倒入锅中加适量盐，煸炒至九成熟，出锅备用。

◎将青椒煸炒出香味，加少许盐炒匀，再将肉片及洋葱丝倒入锅中翻炒。

◎加入醋、生抽、料酒、豆豉各适量，继续翻炒片刻，加适量鸡精后炒匀即可装盘。

西芹百合炒肉柳

原材料 瘦猪肉 200 克，西芹 100 克，鲜百合 100 克，鸡蛋 2 个

调味料 姜末 5 克，辣椒粉 2 克，水淀粉 5 毫升，盐 3 克，鸡精、油各适量

制作方法

◎瘦猪肉洗净，切成小长条，加盐、辣椒粉拌匀；鸡蛋倒入肉中搅拌，放置 10 分钟左右，再加入水淀粉，将肉裹上糊。

◎西芹洗净，斜切成小段；将鲜百合掰成一片片，洗净沥干水。

◎起油锅炸肉柳，先用大火将表皮炸定型，再调成小火炸成金黄，用漏勺捞起。

◎锅中留底油，下姜末、肉柳、西芹、百合翻炒几下，加盐和鸡精调味装盘。

青椒炒剔骨肉

原材料 猪仔排骨 200 克，青椒 100 克

调味料 鸡精 2 克，生抽 5 毫升，盐、姜、蒜、五香粉各少许，油适量

制作方法

◎将猪仔排骨煮九分熟，剔去骨头取肉，加五香粉拌匀，入油锅中过油。

◎青椒洗净，切碎；姜、蒜切末。

◎热油锅，放入青椒、姜、蒜末炒香，下入剔骨肉、生抽、鸡精、盐炒至入味即可。

家乡回锅肉

原材料 带皮五花肉 150 克，青蒜 100 克，青椒 10 克

盐 5 克，鸡精 3 克，胡椒粉 2 克，姜末、蒜末、油各适量

制作方法

◎将带皮五花肉洗净，放入沸水锅中煮熟，捞出，晾凉，切片；青蒜洗净，切段；青椒洗净，切丝。

◎净锅上火，注油烧热，爆香姜末、蒜末，下入青椒、青蒜、五花肉爆炒 2 分钟左右，调入盐、鸡精、胡椒粉，炒匀即可。

厨房笔记：炒这道菜时，可依据个人口味添加郫县豆瓣酱或黄酱。

双椒回锅肉

原材料 带皮五花肉 150 克，青椒、红椒各 100 克

姜片、蒜末各 5 克，盐 6 克，豆瓣酱 30 克，油适量

制作方法

◎将五花肉洗净，放入沸水锅中煮至九成熟，捞出，晾凉，切片；青椒、红椒分别洗净，切片。

◎净锅上火，烧热，下肉片以大火翻炒几下，改小火煸炒出油，盛出。

◎锅留底油，下蒜末、姜片爆香，放入豆瓣酱，翻炒均匀，下五花肉、青椒、红椒，加盐炒至入味即可出锅。

老干妈炒回锅肉

原材料 带皮五花肉 250 克，蒜薹 100 克，青、红椒各 30 克，木耳 50 克

老干妈豆豉 100 克，葱、姜、油各适量，白糖 5 克，生抽 15 毫升，花椒 5 克，盐 5 克

制作方法

◎锅中水烧开，加葱、姜、花椒，把五花肉放进开水氽至八成熟，捞出冷却后切成约 0.5 厘米厚的肉片，备用。

◎净锅里加少量油，葱、姜末放入略微爆香，将肉片放入锅中小火煸炒，把肥肉中的油煸出去，煸炒至稍有金黄色、肥肉稍焦即可。

◎加入蒜薹、青、红辣椒块和木耳炒熟，加入老干妈豆豉、白糖、生抽、盐，翻炒均匀即可出锅。

雪里红冬笋炒肉片

原材料 雪里红50克，冬笋100克，里脊肉150克，红椒20克

调味料 盐8克，鸡精5克，白糖6克，香油10毫升，油适量

制作方法

◎将冬笋、里脊肉、红椒分别洗净，切片，冬笋焯水沥干。

◎锅中下油烧热，下里脊肉片、冬笋片入油锅中过一下油，捞出备用。

◎将锅中油盛出，留底油少许，下雪里红略炒片刻，放入肉片、冬笋、盐、鸡精、白糖炒匀，出锅前淋上香油即可。

天目笋炒肉

原材料 天目笋300克，五花肉200克，红椒100克

调味料 老抽30克，蒜5克，姜5克，高汤、白糖、料酒、蚝油各5毫升，盐、香油、淀粉、油各适量

制作方法

◎将五花肉洗净，切块；红椒去籽，洗净，切条；天目笋摘洗干净，切段；蒜、姜分别去皮洗净，姜切片，蒜切末。

◎将天目笋放入沸水中余烫，捞起马上放入冷水过凉。

◎锅中放油烧热，加蒜末、姜片爆香，再倒入五花肉、红椒和天目笋，炒片刻，加盐、白糖、料酒、蚝油、老抽快速翻炒，注入高汤稍焖片刻至熟透，加香油以淀粉勾芡装盘即可。

苦瓜炒肥肠

原材料 苦瓜200克，猪大肠200克，红尖椒20克

调味料 盐5克，生抽10毫升，淀粉15克，醋5毫升，鸡精3克，葱、姜、蒜各少许，油适量

制作方法

◎将苦瓜洗净，切片；猪大肠洗净，切片，余水后捞起沥水，再用盐、淀粉拌匀腌一会；红尖椒洗净切圈。

◎净锅注油，烧至六成热，将猪大肠下入油锅中滑油，捞起沥油。

◎锅留少许底油，烧热，炒葱、姜、蒜、红尖椒圈后，将苦瓜下入锅中焗干，下猪大肠，翻炒2分钟左右，再将盐、生抽、醋、鸡精下入锅中，炒匀入味即可。

厨房笔记：炒菜时可依据个人口味加上豆豉。

17

小炒腊肠

原材料 腊肠200克，红椒30克

调味料 姜末、蒜末各10克，葱30克，盐5克，鸡精2克，胡椒粉、生抽、醋、油各适量

制作方法

◎将腊肠洗净，斜刀切片；红椒洗净，切圈；葱洗净，切段。

◎热锅注油，烧热，爆香姜、蒜末，将腊肠下入锅中煸香，加入红椒、葱段炒熟。

◎锅中调入盐、鸡精、生抽、醋、胡椒粉，炒至腊肠入味即可。

酸菜炒辣肠

原材料 酸菜200克，猪大肠200克

调味料 盐5克，鸡精3克，干辣椒10克，胡椒粉6克，辣椒油5毫升，生抽、醋、蒜末各少许，油适量

制作方法

◎将酸菜洗净，切细；干辣椒切段；猪大肠洗净，切段，入沸水中汆烫。

◎将锅中下油烧至六成热，下大肠过油，再捞出沥油。

◎将锅中留少许底油，下大肠爆炒2分钟，再下干辣椒、蒜末、酸菜翻炒，放入大肠，加少许水，翻炒几分钟，再加盐、辣椒油、生抽、醋、胡椒粉、鸡精调味即可。

家乡肥肠

原材料 猪大肠300克，莴笋200克，香菜适量

调味料 姜、蒜、油各适量，豆瓣酱15克，盐6克，鸡精5克，干辣椒10克

制作方法

◎将猪大肠洗净；莴笋去皮，切滚刀块；香菜洗净，切末；干椒切段。

◎将猪大肠放入沸水中汆烫，捞出沥干水分，切滚刀块，再入六成热的油锅中过油。

◎热锅注油，烧热，下姜、蒜、豆瓣酱、干辣椒炒香，加入猪大肠、莴笋、盐及适量水，翻炒至入味，撒上香菜即可。

金牌大肠

原材料 猪大肠 300 克，面粉 10 克
调味料 盐 8 克，姜 10 克，鸡精 5 克，米醋、油各适量

制作方法

◎猪大肠先除去内油，然后加入盐、面粉，抓泡 30 分钟再用清水冲洗干净，切成圈；姜切末，待用。

◎净锅置旺火上，倒油烧至八成热，将大肠炸成金黄色，捞出沥油。

◎留余油，倒入姜末爆香，放入大肠、米醋、鸡精和盐炒熟，摆盘即可。

姜葱炒大肠

原材料 猪大肠 350 克，红辣椒 15 克
调味料 葱 20 克，姜 20 克，醋 3 毫升，盐、鸡精、油、食用碱各适量

制作方法

◎将猪大肠去筋膜，改刀成约 5 厘米的段，用水冲洗几遍后捞出控水，加食用碱拌匀，涨发半小时。

◎将涨发后的猪大肠入沸水中用大火余 1 分钟，捞出控水，用清水冲 2 ~ 3 分钟，再将猪肠改刀，切成圈，其中一边不切断，让其粘连。

◎葱洗净，切段；姜去皮，洗净，切大片；红辣椒去籽，洗净切小块。

◎净锅置旺火上，下油烧至七成热，下入葱段、姜片爆香，改刀好的大肠和红椒块，翻炒均匀加入醋、盐、鸡精炒熟装盘即可。

厨房笔记：姜最好选用嫩姜，不仅清脆可口，还能调味，也可以直接食用。

黄豆炒大肠

原材料 猪大肠 300 克，黄豆 50 克
调味料 葱 5 克，姜 5 片，鸡精 5 克，醋、盐、油各适量

制作方法

◎猪大肠洗净切段；黄豆去皮洗净；姜切丝；葱切末。

◎净锅置旺火上，倒油烧至八成热，倒入葱末、姜丝爆香，放入黄豆炒至发黄，再放入大肠、醋、鸡精和盐炒熟即可。

爆炒肚丝

原材料 新鲜猪肚 400 克，蒜薹 50 克，红椒 10 克

调味料 盐、鸡精、料酒、姜片、蒜末、油各适量

制作方法

◎新鲜猪肚洗净，入蒸锅中蒸熟后取出，切成丝。

◎蒜薹洗净，切成节；红椒切丝。

◎锅中放油，下入姜片、蒜末爆香，加入肚丝、红椒丝、蒜薹节、盐、鸡精、料酒，炒熟即可。

> **厨房笔记**：猪肚不能久炒，以免咬不动。

咸菜猪肚

原材料 咸菜 100 克，猪肚 250 克

调味料 盐 1 克，鸡精 2 克，白糖 1 克，姜片 15 克，蒜片 10 克，葱段 10 克，蚝油 2 毫升，辣椒酱 3 克，油 40 毫升，水淀粉 15 毫升，胡椒粉 2 克，豆豉 3 克

制作方法

◎将咸菜洗净，切成小块，焯水约 5 分钟；再将猪肚洗净放入煲中，煲约 1 小时至熟软，捞出切小块。

◎将烧锅下油，放入姜片、蒜片、葱段、胡椒粉炒香，加入咸菜、猪肚翻炒，再加少许清水炒约 1 分钟。

◎将剩余的所有调味料加入锅中炒匀入味，用水淀粉勾芡即可。

葱油捞猪肚

原材料 猪肚 400 克，红辣椒 20 克，芹菜 20 克

调味料 盐 8 克，沙姜 10 克，葱 30 克，鸡精 4 克，油各适量

制作方法

◎猪肚洗净切片；葱洗净切段；沙姜洗净切片；红辣椒洗净切圈；芹菜洗净切段。

◎砂锅中加水，放入猪肚，煮 30 分钟后捞出沥干水分。

◎炒锅下油烧热，放入葱段，小火轻熵葱段至出葱油，下沙姜爆香，再放入猪肚、芹菜、红辣椒，加盐、鸡精出锅装盘即可。

木耳肚片

原材料 猪肚 300 克，木耳 100 克，红椒 30 克

调味料 盐 5 克，鸡精 3 克，生抽、醋各 8 毫升，葱 10 克，油各适量

制作方法

◎将猪肚洗净，切丝；木耳泡好发；红椒洗净，切片。

◎将猪肚、木耳入沸水中余烫。

◎锅中下油烧热，将猪肚、木耳、红椒、葱下入锅中炒至断生，再下盐、鸡精、生抽、醋调味即可。

尖椒辣肚丝

原材料 卤猪肚 300 克，红尖椒 20 克，蒜 150 克

调味料 姜片 10 克，生抽 10 毫升，料酒 5 毫升，盐、鸡精、油各适量

制作方法

◎猪肚内外揉搓洗净，烧开半锅水，放入姜片，再放入猪肚焯烫 10 分钟左右捞起沥干水备用。

◎把猪肚切开，然后切成丝；红尖椒切丝；蒜薹洗净切寸段。

◎炒锅里放油烧热，爆香姜片和红尖椒，然后放猪肚丝大火快炒，加蒜薹炒熟，最后放盐、鸡精、生抽和料酒炒匀即可出锅。

厨房笔记：熟的卤猪肚放久了会有一点硬，所以最后可以加清水烩一下，能恢复其弹性，并使之更入味。

油泡肚尖

原材料 肚尖 400 克，腰花 50 克，芦笋 20 克，红椒末 10 克

调味料 盐、鸡精、香油、水淀粉、胡椒粉、油各适量，蒜末 5 克

制作方法

◎将肚尖用刀切花，用清水浸泡，漂洗干净，沥干水分，盛入碗内，涂上水淀粉；腰花洗净后切成麦穗刀。

◎芦笋洗净后切成段；盐、鸡精、香油、胡椒粉、水淀粉、红椒末调成味汁待用。

◎烧热炒锅，下油烧至六七成热时，把肚尖溜炸至刚熟，倒入笊篱沥去油；将蒜末炒至金黄色，再将肚尖倒入锅里加入味汁，颠翻几下，随即起锅装盘。

酸菜炒肚尖

原材料 肚尖 350 克，酸菜 150 克，胡萝卜 50 克，黑木耳 50 克

调味料 葱 15 克，姜 15 克，鸡精 3 克，盐 5 克，油各适量

制作方法

◎肚尖洗净蒸熟后切条；酸菜在水中泡 15 分钟后捞出待用，胡萝卜洗净切片；黑木耳洗净切碎；葱洗净切段；姜洗净切片。

◎净锅置旺火上，下油烧热，下入葱、姜爆香，放入肚尖、酸菜、胡萝卜片和黑木耳，调入鸡精、盐翻炒均匀即可。

小炒猪心

原材料 猪心 300 克，红椒 80 克，青蒜适量

调味料 盐 8 克，鸡精 5 克，生抽 5 毫升，花雕酒少许，姜末、蒜末、油各适量

制作方法

◎将猪心洗净，入沸水锅中煮 40 分钟后，捞出切片；红椒洗净，切段；青蒜洗净，切段。

◎锅中放油，爆香姜、蒜末，下入猪心、花雕酒、红椒、盐、鸡精、生抽炒至入味，放入青蒜即可。

> **厨房笔记**：猪心中有瘀血，清洗时需用刀切开，才能除尽。

双耳炒猪心

原材料 银耳 15 克，木耳 25 克，猪心 1 个，胡萝卜 15 克

调味料 米酒 10 毫升，姜 10 克，葱 10 克，盐 3 克，鸡精 2 克，油 35 毫升，淀粉 5 克

制作方法

◎将银耳、木耳用清水浸泡透，撕成片；猪心洗净，去掉脂膜切薄片；胡萝卜洗净，去皮切片；姜切片；葱切段。

◎净锅置旺火上，加入油，烧至六成热时加入姜片、葱段爆香，加入银耳、木耳、胡萝卜片、猪心、米酒烧热，调入盐、鸡精，用淀粉勾芡即成。

小炒猪肝

原材料 猪肝 500 克，红椒 30 克，洋葱 50 克

调味料 姜片 10 克，葱 20 克，蒜 10 克，生抽、盐、鸡精、香油、水淀粉、料酒、白糖、油各适量

制作方法

◎将猪肝洗净，沥干水分，切成薄片，放入盆中，加盐、水淀粉拌匀，腌渍片刻；红椒、洋葱、蒜分别切片；葱切段。

◎炒锅注油，烧至七成热，下猪肝入油锅中滑散，捞出待用。

◎锅留少许底油，烧热，放入蒜片、姜片、洋葱煸炒出香味，再放入猪肝、红椒、葱段、料酒、生抽、盐、白糖、鸡精翻炒几下，用水淀粉勾薄芡，淋上少许香油即可。

土匪猪肝

原材料 猪肝 300 克，青蒜 100 克，红尖椒 20 克，香菜 20 克

调味料 盐 6 克，鸡精 4 克，胡椒粉 2 克，生抽 6 毫升，油 10 毫升，淀粉 6 克，葱 10 克，姜 8 克，豆豉 4 克

制作方法

◎将猪肝洗净，切片；青蒜洗净，切段；葱洗净，切小段；红尖椒洗净，切圈；姜洗净，切末。

◎将猪肝用盐、鸡精、生抽、淀粉腌渍片刻，待用。

◎热锅注油，烧九成热，放入红尖椒、姜末煸炒出香，再放入葱段、青蒜、盐、鸡精、豆豉、胡椒粉，下猪肝一起炒熟，用淀粉勾芡，淋上香油即成。

> **厨房笔记**：猪肝腌的要嫩，炒的时间不能太长，熟即出锅。

山梨炒猪肝

原材料 山梨 2 颗，猪肝 300 克，青蒜 1 根

调味料 盐少许，香油 5 毫升，油适量

制作方法

◎猪肝洗净，切成薄片，加入少许盐涂抹均匀；山梨洗净，削皮，切成薄片，放入盐水中防止变色；青蒜洗净，切斜段。

◎锅中注油烧热，爆香青蒜，放入猪肝炒熟，加入香油略拌，最后加入山梨片，拌炒均匀即可盛盘。

宫保腰花

原材料　猪腰 500 克，花生米 50 克

调味料　盐 5 克，鸡精、料酒、老抽、蒜末、姜末、油各适量

制作方法

◎猪腰片去腰臊，切麦穗花刀；花生米入油锅中炸香。

◎腰花中拌入料酒、老抽腌入味后，入油锅中滑散。

◎锅留底油，下姜末、蒜末炝锅后，下入腰花、花生米、盐、鸡精翻炒至入味即可。

> **厨房笔记**：猪腰切麦穗花刀，一定要切均匀。

火爆腰花

原材料　猪腰 300 克，黑木耳 50 克，朝天椒 30 克，莴笋 50 克

调味料　胡椒粉 5 克，鸡精 3 克，盐 5 克，油、姜、蒜适量

制作方法

◎将黑木耳泡发好，洗净；莴笋洗净，切粗条；朝天椒洗净备用。

◎将猪腰洗净，切成腰花，再入四成热的油锅中滑油，捞出沥干油分备用。

◎热锅注油，烧热，煸香姜、蒜，下腰花爆炒 2 分钟，再将黑木耳、莴笋丝下入锅中翻炒，加适量水，炒至收汁，再将胡椒粉、鸡精、盐、朝天椒下入锅中，翻炒均匀即可。

酸辣腰花

原材料　猪腰 300 克，野山椒 20 克，酸萝卜 15 克，朝天椒 20 克

调味料　盐 10 克，鸡精 10 克，胡椒粉 5 克，蒜末、姜末各少许，油适量

制作方法

◎将猪腰剖开，去掉筋膜，洗净，切凤尾花刀。

◎酸萝卜切丁；朝天椒切圈；野山椒切开备用。

◎锅中放油，油至七成热下入野山椒、酸萝卜、朝天椒、腰花翻炒片刻，加入调味料炒至入味即可。

> **厨房笔记**：猪腰一定要去净筋膜，以免有异味。

洋葱爆腰花

原材料 猪腰2个，洋葱75克，红椒20克

调味料 盐3克，生抽5毫升，鸡精3克，胡椒粉2克，料酒15毫升，高汤30毫升，香油5毫升，水淀粉25克，油75毫升，姜、蒜末少许

制作方法

◎将猪腰去筋膜，平片一破为二，片去腰臊后切成片，洗净，再依次放入碗内加入料酒、盐、水淀粉拌匀；洋葱、红椒分别洗净，切片。

◎用盐、鸡精、胡椒粉、料酒、生抽、高汤、水淀粉、香油调成鲜味汁。

◎锅中下油烧热，爆香姜、蒜末，将腰花下入锅中爆炒2分钟，再将洋葱、红椒下入锅中翻炒，将鲜味汁下入锅中，炒拌均匀即成。

炝锅腰片

原材料 猪腰350克

调味料 盐8克，鸡精3克，淀粉8克，老抽8毫升，蒜50克，姜20克，干辣椒150克，油适量

制作方法

◎将猪腰切片，入沸水锅中汆烫后捞出；干辣椒切段；蒜、姜剁成末。

◎净锅注油，烧热，爆香干辣椒、姜、蒜，下腰片爆炒片刻，再加入其他调味料翻炒，用淀粉勾芡，出锅时淋上热油即可。

熘腰花

原材料 猪腰200克，青、红椒各10克，洋葱15克

调味料 料酒5毫升，干辣椒8克，盐5克，鸡精2克，生抽5毫升，醋3毫升，胡椒粉少许，淀粉10克，油、高汤各适量

制作方法

◎将猪腰洗净，切麦穗花刀；青、红椒洗净，切块；洋葱洗净，切块；干辣椒切段。

◎将猪腰用淀粉抓匀，入油锅滑炒熟后盛出。

◎锅底留油，下青红椒、洋葱、干辣椒炒香，加入猪腰，烹入调味料炒至腰花入味即可。

瓦片腰花

原材料 猪腰 300 克，尖椒 50 克，香菜 30 克，大葱 50 克

调底料 盐、鸡精、生抽、醋、水淀粉、油各适量

制作方法

◎猪腰平片成两块，去净油皮和腰臊，先反刀斜剞，再直刀剞成三刀一断的眉毛形，用盐、水淀粉腌一下。

◎尖椒洗净，切圈；香菜、大葱分别洗净，切段。

◎锅中下油烧热，放入腰花炒散，加大葱段、香菜、尖椒炒匀，再下鸡精、生抽、醋，翻炒均匀入味，起锅装盘。

老干妈爆腰花

原材料 猪腰 250 克，老干妈辣酱 50 克，香菜 30 克，红辣椒适量

调底料 姜片 10 克，淀粉 5 克，料酒 10 毫升，生抽 10 毫升，盐、鸡精、油各适量

制作方法

◎将猪腰用刀剔去臊心，反复冲洗干净，再入清水中泡 15 分钟；红辣椒洗净切圈；香菜切成段。

◎沥干猪腰水分，切成麦穗刀，用生抽、姜片、料酒、淀粉腌渍 10 分钟。

◎起锅倒油，烧至七成热时下入腰花过油至熟，倒入漏勺沥干。

◎锅内留底油，下姜片、红辣椒和香菜炒香，下老干妈快速炒匀，入腰花爆炒，加适量盐、鸡精调味，出锅装盘。

五香脆骨

原材料 猪耳 200 克，红椒 50 克，芹菜 50 克

调底料 生抽 5 毫升，鸡精 2 克，料酒 5 毫升，五香粉 15 克，姜 15 克，蒜 5 克，盐 2 克，油适量

制作方法

◎将猪耳去尽残毛，洗净；锅中放水浇沸，加入五香粉、盐、姜 10 克，再下猪耳卤制半小时。

◎将卤好的猪耳切成长形薄片；红椒去籽，切丝；芹菜摘叶，切段；5 克姜、蒜切成片。

◎将炒锅置于火上，倒油烧热，煸香姜片、蒜片，下猪耳、红椒丝、芹菜段，调入生抽、料酒翻炒至熟，下鸡精炒匀即成。

迷你粽炒仔排

原材料 粽子 100 克，仔排 150 克，板栗 80 克

调味料 盐 6 克，鸡精 3 克，白糖 5 克，老抽 8 毫升，
排骨酱 10 克，油适量

制作方法
◎将粽子蒸熟，用油炸至金黄；仔排斩成小块，备用。
◎锅中下油烧热，放入排骨酱炒香，加入斩成寸段的排骨，
适量水，翻炒至熟。
◎将板栗、粽子加入锅中，加盐、白糖、老抽、鸡精，翻
炒均匀，烧至入味即可。

糖醋排骨

原材料 排骨 300 克，焙香的白芝麻适量

调味料 盐 5 克，番茄酱 80 克，白糖 20 克，香醋
10 毫升，水淀粉 50 克，油适量

制作方法
◎将排骨斩成小块，用盐腌渍 10 分钟左右。
◎将水淀粉拌入排骨，再放入油锅中炸至金黄色。
◎锅中留少许油，下入番茄酱炒香，加排骨、白糖、香醋炒匀，
装盘撒上白芝麻即可。

菠萝生炒骨

原材料 排骨 300 克，菠萝 1/2 个，红椒、青椒各 1
个，鸡蛋 1 个

调味料 番茄酱 75 克，白糖 10 克，水淀粉 100 克，
玉米淀粉 15 毫升，盐、生抽、油各适量

制作方法
◎排骨洗净斩成小块；菠萝去芯切小块，用盐水浸泡；青、
红椒去籽，切成菱片。
◎将番茄酱、白糖、玉米淀粉用清水调匀成酱汁备用。
◎排骨里放入鸡蛋、少许盐、生抽、油，拌匀腌制 20 分钟；
腌好的排骨里倒入淀粉，拌匀。
◎净锅里倒入油，加热至三成热，将上好浆的排骨放入油
里炸至金黄色，捞起沥油。
◎再开大火加热油温，把炸好的排骨再次放入油炸一下，
捞起沥油。
◎平底锅加热，倒入少许油，把青、红椒片、菠萝块一同倒入，
炒至断生；倒入事先调好的酱汁，翻炒至酱汁变得有点稠了，
倒入炸好的排骨，翻炒均匀即可上碟。

孜然寸骨

原材料 寸骨 500 克，红椒 1 个

调味料 生抽、白糖、鸡精、料酒各少许，蒜末、葱末、孜然粉、干辣椒、姜末、生抽、油各适量

制作方法

◎将干辣椒洗净，切段；红椒去籽，切末；寸骨洗净，斩件，用生抽、鸡精、料酒腌一下，再放入蒸锅内隔水蒸熟，滤去蒸汁待凉，蒸汁留用。

◎热锅注油，烧至八成热，把寸骨炸至表面金黄，捞起沥油。

◎锅留少许底油，烧热，爆香姜、蒜末和干辣椒，下寸骨，加入用适量蒸汁、孜然粉、生抽、白糖、鸡精调制成的味汁，翻炒至汁浓，撒上葱末，再用锡纸将寸骨包好即可。

小炒蹄花

原材料 猪蹄 200 克，红椒 30 克

调味料 姜片 5 克，蒜片 15 克，葱白 10 克，盐、油各适量

制作方法

◎猪蹄洗净，切块；红椒洗净，切圈。

◎猪蹄氽水后放入汤锅中，加姜片、盐，大火烧开，再用小火炖至熟透，捞出放凉。

◎锅中下油烧热，加入猪蹄、红椒、蒜片、葱白，爆炒 2 分钟即可。

小炒猪手

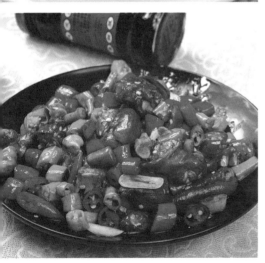

原材料 猪蹄 2 只，红尖椒 5 个，青尖椒 5 个

调味料 葱 2 棵，姜 1 块，蒜 5 瓣，辣椒油 5 毫升，生抽 8 毫升，胡椒粉 7 克，醋 5 毫升，盐 5 克，白糖 7 克

制作方法

◎将猪蹄洗净，放入沸水中煮约 2 分钟，捞起；姜洗净拍松；葱、蒜洗净切末；青、红尖椒洗净，切段。

◎将猪蹄剖开成"十"字形，放入汤锅中，加清水至完全淹没。

◎汤锅中放入姜，大火烧开后，改小火煮 20 分钟左右，煮熟后捞起，连骨成小块。

◎锅内放油，烧热，加入葱、青尖椒、红尖椒、姜、蒜爆香，倒入猪蹄，翻炒，加白糖、生抽、醋、辣椒油、胡椒粉、盐，炒匀即可。

小炒猪耳

原材料 猪耳 300 克，蒜薹 150 克，红尖椒 30 克
调味料 米酒 10 毫升，香油 5 毫升，盐、卤水、油各适量

制作方法

◎猪耳清理干净后，入开水中余烫后备用；蒜薹洗净去头，切段备用；红尖椒切圈备用。

◎下猪耳于卤水内煮沸后，改用小火熬 50 分钟；熄火浸泡 10 分钟，捞出切成细条备用。

◎炒锅里放油烧热，下红尖椒爆香，放入蒜薹快炒，加少许盐、米酒，放入卤好的猪耳，中火翻炒均匀后淋香油出锅装盘。

> **厨房笔记**：猪耳先用小火烤一下，然后用小刀刮毛，这样比较容易刮干净。

蒜薹炒腊猪耳

原材料 腊猪耳 300 克，蒜薹 100 克，红尖椒 50 克
调味料 盐少许，鸡精 3 克，油适量

制作方法

◎腊猪耳洗净，切成片；蒜薹洗净切段；红尖椒切圈。

◎锅中放水烧开，下入腊猪耳余烫后捞出，沥干水分。

◎锅中放油，下入红尖椒、蒜薹炒至八成熟时，下入腊猪耳，放盐、鸡精炒至入味即可。

> **厨房笔记**：蒜薹不能余烫，否则吃起来不香。

萝卜干炒腊肉

原材料 萝卜干 200 克，腊肉 200 克，蒜苗 20 克
调味料 盐 5 克，鸡精 3 克，干红辣椒 30 克，生抽、醋、油各适量

制作方法

◎将腊肉洗净，切片；干红辣椒洗净，切段；青蒜洗净，切段。

◎锅中下油烧热，将腊肉下入锅中煸出油，加入蒜苗略炒。

◎将萝卜干、干红辣椒下入锅中，翻炒一会儿，再下盐、鸡精、生抽、醋调味即可。

小炒腊肉

原材料 腊肉 300 克，青椒 50 克
调味料 剁椒、蒜、姜、盐、鸡精、生抽、料酒、醋、豆豉、油各适量

制作方法

◎将青椒洗净，切片；腊肉洗净，切片；姜切丝；蒜切片。
◎将油烧热，放入姜丝、蒜片，待爆出香味后，将腊肉倒入锅中，煸炒一会儿。
◎将青椒下入锅中，加一勺剁椒，炒匀，再加入醋、生抽、料酒、豆豉各适量，继续翻炒片刻，加适量盐、鸡精后炒匀即可。

腊肉炒藜蒿

原材料 藜蒿 300 克，腊肉 200 克，红椒 50 克
调味料 盐 5 克，鸡精 6 克，葱末 8 克，香油 10 毫升，油适量

制作方法

◎将藜蒿洗净，除去根，留嫩茎，再切成段；腊肉洗净，切丝；红椒洗净，切丝。
◎锅中下油烧热，下入腊肉，爆炒 2 分钟，再加入藜蒿、红椒和葱末煸炒至藜蒿碧青时，加盐、鸡精炒匀，起锅盛盘，撒上葱末，再淋上香油即成。

蒜苗腊肉

原材料 腊肉 300 克，蒜苗 50 克
调味料 盐 5 克，鸡精 3 克，胡椒粉 3 克，姜 5 克，油适量

制作方法

◎将腊肉洗净，放入开水中焯烫，捞出晾凉，切薄片；蒜苗洗净，切段；姜去皮，切丝备用。
◎将锅中倒入适量油烧热，爆香姜丝，加入腊肉以大火快炒，再下蒜苗、盐、鸡精、胡椒粉炒匀入味即可。

竹笋炒腊肉

原材料 腊肉 150 克，竹笋 250 克

调味料 香油 5 毫升，料酒 5 毫升，白糖、盐、鸡精、生抽、油各适量

制作方法

◎将腊肉用热水洗净，切成薄片；竹笋洗净，切片备用。

◎锅中放少量油烧热，放入腊肉爆炒至出油，倒入竹笋片翻炒至熟，加入香油、料酒、白糖、盐、生抽、鸡精翻炒至熟即可。

藠头炒腊肉

原材料 藠头 300 克，腊肉 200 克，红尖椒 30 克

调味料 盐 5 克，鸡精 3 克，生抽、醋各少许，油适量

制作方法

◎将腊肉洗净，切片；红尖椒洗净，切圈。

◎锅中下油，烧热，将腊肉下入锅中煸出油渍。

◎将藠头、红尖椒圈下入锅中，翻炒片刻，下盐、鸡精、生抽、醋调味即可。

神仙腊肉

原材料 老腊肉 300 克，蒜苗 200 克，油炸花生米 50 克

调味料 盐 5 克，鸡精 5 克，红油 10 毫升，干辣椒 20 克，油适量

制作方法

◎将老腊肉洗净，蒸 1 小时后取出，晾凉切片。

◎将青蒜、干辣椒分别洗净，切段；将腊肉放入油锅中过油，备用。

◎热锅注少许油，爆香干辣椒、老腊肉，下入蒜苗、花生米、盐、鸡精、红油炒匀即可。

烟笋腊肉

原材料 干烟笋 150 克，腊肉 300 克

调味料 盐 3 克，鸡精 5 克，油 10 毫升，生抽 8 毫升，香油 4 毫升，葱 15 克，姜末 15 克，干红椒 20 克

制作方法

◎将干烟笋泡发好，切丝；腊肉洗净，切丝；干红椒洗净，切丝；葱切花待用。

◎锅中下油烧热，放入干红椒丝、姜末炒香。

◎再放入烟笋、腊肉丝煸炒，调入盐、鸡精、生抽炒匀，淋上香油即可。

冬笋腊肉

原材料 冬笋 200 克，腊肉 100 克，红尖椒 30 克，蒜苗 10 克

调味料 盐 5 克，鸡精 5 克，油适量

制作方法

◎冬笋去皮，切片；腊肉切片；红尖椒切圈；青蒜切段。

◎将冬笋放入沸水中汆烫后捞出。

◎锅中放少许油，下入腊肉片、红尖椒、蒜苗煸香，加入冬笋、盐、鸡精翻炒均匀即可。

> **厨房笔记**：腊肉要煸干油脂，吃起来才香。

小葱炒咸肉

原材料 咸肉 300 克，青椒 30 克，白馒头 5 个

调味料 葱 80 克，盐 5 克，鸡精 3 克，生抽 5 毫升，油适量

制作方法

◎将咸肉洗净，切片；葱洗净，切段；青椒洗净，切块。

◎锅中下油烧热，将咸肉片下入锅中，爆炒 2 分钟，再将葱段、青椒下入锅中，炒出香味，加少许清水继续翻炒。

◎将盐、鸡精、生抽下入锅中，翻炒匀，出锅盛盘，再配上蒸热的白馒即可。

腌猪肉炒鸡蛋

原材料 腌猪肉 150 克，韭菜 100 克，鸡蛋 3 个

调味料 盐 3 克，胡椒粉 3 克，鸡精 3 克，生抽适量

制作方法

◎将腌猪肉用清水冲洗，切成丝；韭菜洗净，切段，焯水备用；鸡蛋磕入碗里，加入盐，搅打匀。

◎锅中下油烧热，将腌猪肉下入锅中爆炒 2 分钟；将蛋液下入锅中摊成蛋饼且炒散，再将韭菜下入锅中，下鸡精、胡椒粉、生抽调味，翻炒均匀出锅盛入盘中即可。

豉椒炒牛肉

原材料 牛肉 250 克，青、红椒各 100 克，洋葱 100 克

调味料 料酒适量，蒜末 5 克，盐 5 克，白糖 10 克，姜末 5 克，鸡精 2 克，淀粉少许，老抽少许，豆豉、油各适量

制作方法

◎将牛肉切片，拌入盐、淀粉腌好；青椒、红椒、洋葱洗净，切块备用。

◎将炒锅上旺火烧热，倒油，烧至四成热时下牛肉片过油后，捞出沥油。

◎将油锅烧热，爆香豆豉、蒜末、姜末，放青椒、红椒、洋葱、牛肉片，淋上料酒，翻炒至入味，再加入鸡精、老抽炒至入味，用淀粉兑水勾芡，即可起锅装盘。

野山椒炒牛肉

原材料 牛肉 400 克，野山椒、水笋、香菜各适量

调味料 盐、胡椒粉、鸡精、料酒、老抽、姜丝、淀粉、蒜末、葱段、红油、香油、白醋、仔姜片、油各适量

制作方法

◎将牛肉切片，用少许白醋抓腌一下，加盐、胡椒粉、鸡精、料酒、老抽、姜丝、淀粉拌匀稍腌片刻；香菜洗净，切段。

◎锅中下油，烧热，下牛肉片爆炒至刚刚断生，出锅装盘备用。

◎锅中注入油，放野山椒、蒜末、葱段、仔姜片爆香，加水笋翻炒片刻，下牛肉片炒匀，加入香菜，用淀粉兑水勾芡，再淋上少许红油、香油即可出锅。

小炒黄牛肉

原材料 黄牛肉200克,红尖椒20克

调味料 盐5克,鸡精3克,生抽5毫升,淀粉5克,
姜、蒜、料酒、油各适量,泡椒水20毫升

制作方法

◎将黄牛肉去筋膜,切成薄片后,拌入淀粉、盐、生抽、料酒、姜腌渍20分钟,再倒入少量的油后腌10分钟。

◎将红尖椒洗净,切碎;姜切丝;蒜切末,备用。

◎热锅注油,烧至七八成热时,放入牛肉用油滑开,捞出备用。

◎锅留底油,倒入红尖椒碎、蒜末炒香,倒入泡椒水,最后放入牛肉拌匀,调入鸡精,出锅装盘。

芦笋炒牛肉

原材料 牛肉200克,芦笋150克

调味料 料酒40克,生抽20克,白糖、小苏打、胡椒粉少许,水淀粉、姜片20克,姜末2克,油500克,鸡精少许

制作方法

◎将芦笋洗净,切成粒,焯水备用;牛肉去筋络,切成粒,放入碗内加小苏打、生抽、胡椒粉、料酒、姜末和清水腌10分钟,加入油,再腌1小时。

◎炒锅内放油,烧至六成热,放入牛肉,拌炒至色白时捞入漏勺沥油。

◎锅内留底油,放入姜片、白糖、生抽、鸡精加少许清水,烧沸后,用水淀粉勾芡,放入牛肉片、芦笋,炒拌匀,起锅装盘。

土豆小黄牛肉

原材料 小黄牛肉400克,土豆200克,香菜30克

调味料 豆瓣酱20克,姜末、蒜末、油各适量,干辣椒段10克,花椒5克,鸡精5克,盐5克

制作方法

◎土豆洗净,切块;香菜切段;小黄牛肉切成小块。

◎土豆入锅中煮烂;黄牛肉氽水。

◎锅中放油炒香姜末、蒜末、豆瓣酱,注水适量,再下入黄牛肉煮至熟软,下土豆、盐,收汁装碗,炒香干辣椒段、花椒,淋在黄牛肉上,加入鸡精、盐,再撒上香菜即可。

野山椒香菜牛肉

原材料 牛肉300克，红椒1个，泡野山椒10克，
香菜100克

调料 料酒10克，鸡精2克，胡椒粉2克，姜、蒜、
香油、油各适量

制作方法

◎将牛肉切丝，加入料酒和胡椒粉腌渍一会儿；泡野山椒
切碎；香菜洗净后切段；红椒切丝；姜、蒜切末备用。

◎锅中放油，烧至八成热的时候放入牛肉丝煸炒至发白后
捞出，另起一锅，放底油。

◎放入姜、蒜末煸香，然后加入红椒丝煸炒，再下入牛肉
丝和香菜段，淋入少许料酒，将泡野山椒的水放入锅中，
翻炒两下加鸡精炒匀，淋入香油即可出锅。

南瓜炒牛肉

原材料 嫩南瓜150克，牛肉200克，红椒1个

调料 盐6克，鸡精5克，油10毫升，生抽8毫升，
姜末、蒜末各少许

制作方法

◎将嫩南瓜洗净，切片；牛肉洗净，切成小片；红椒洗净，
切片。

◎热锅下油，下入牛肉片过油，炒至牛肉色白时倒入漏勺
沥干油分。

◎锅底留油，加入南瓜片、红椒片略炒，再下入盐、鸡精、
生抽、姜末、蒜末，翻炒均匀即可。

黄瓜炒牛肉

原材料 牛肉250克，黄瓜2根

调料 盐10克，淀粉5克，料酒10克，胡椒粉2
克，白糖3克，油适量

制作方法

◎牛肉逆纹切薄片，用淀粉、料酒、盐拌匀，腌渍20分钟；
黄瓜清洗干净，切成斜片。

◎热油锅，放牛肉进锅，大火爆炒，转小火翻炒均匀，加
入胡椒粉、白糖翻炒均匀，放适量盐调味即可。

◎将炒好的牛肉盛入碟中，黄瓜片围边。

麻辣牛肉干

原材料 牛肉500克，熟白芝麻少许

调味料 油、生抽、白糖、五香粉、料酒、盐、海椒面、花椒面各适量

制作方法

◎将牛肉切成厚1厘米、宽3厘米、长5厘米的片，放入锅中煮去血水（不需要煮太长时间，血水出得差不多就可以了），再将牛肉捞起，切成粗条。

◎锅中倒入油烧热，将火开小一点，放入切好的牛肉条不停地翻炒至锅中的油都变得清亮（表示水分都去掉了）。

◎将白糖、盐放入锅中拌匀，再放入海椒面、花椒面、芝麻、生抽、五香粉、料酒拌匀即可。

> **厨房笔记：** 海椒面最好事先用盐炒香，这样味道会更好。

金沙牛肉

原材料 牛肉300克，面包糠600克

调味料 盐5克，蒜100克，鸡精5克，花雕酒少许，松肉粉、淀粉、油各适量

制作方法

◎将牛肉洗净，切片，用盐、松肉粉、淀粉腌渍片刻后，放入油锅中滑一下油，捞出，备用；蒜去皮切末。

◎热锅注油，烧至四成热，下入面包糠、蒜末炸香，捞出；再热油锅，下入牛肉、花雕酒、盐、鸡精以及炸好的面包糠、蒜末，炒至入味即可。

辣子牛肉

原材料 牛肉300克，鸡蛋1个

调味料 盐5克，鸡精3克，料酒5毫升，白糖3克，葱段15克，姜片15克，蒜末10克，干辣椒80克，淀粉适量

制作方法

◎将牛肉洗净，加入少许盐、料酒、姜片、葱段，让牛肉腌渍入味。

◎将牛肉取出，加入蛋黄拌匀，加入少许淀粉，加入七成热的油锅炸至酥香待用。

◎将干辣椒炒香，加入牛肉、盐、鸡精、白糖、葱段、干辣椒炒匀装盘即可。

回锅牛肉

原材料 卤牛肉500克，洋葱50克，红椒30克，焙香的白芝麻5克

调味料 盐5克，鸡精3克，姜、蒜末少许，干辣椒10克

制作方法

◎将卤牛肉切片；洋葱、红椒洗净，切片；干辣椒洗净，切段。

◎净锅注油，烧热，爆香姜、蒜末、干辣椒，将洋葱、红椒下入锅中炒软。

◎将卤牛肉下入锅中，爆炒2分钟，加盐、鸡精调味，再撒上白芝麻即可。

黑椒牛肉

原材料 牛肉300克，洋葱50克

调味料 姜片、葱末、盐、料酒、水淀粉、胡椒粉、黑椒各适量，鸡柳酱1包

制作方法

◎将牛肉洗净，切片，用料酒、姜片、黑椒、盐、胡椒粉、葱末腌10分钟；洋葱洗净，切片。

◎锅中下油烧热，将腌渍好的牛肉丝煸炒至变色捞出；锅里另加油，用中小火将洋葱煸炒至柔软出汁即盛出。

◎转大火，加入牛肉片快速翻炒两下，加入鸡柳酱翻炒，再将洋葱倒入，用水淀粉勾薄芡，倒入锅中，拌匀出锅即可。

木桶牛肉

原材料 牛肉300克，洋葱250克，鸡蛋1个（取蛋清）

调味料 生抽、盐、料酒、白糖、油各适量，淀粉10克，鸡精、胡椒粉各少许

制作方法

◎将牛肉洗净，切成片，放入生抽、盐腌约10分钟；洋葱切成条备用。

◎将腌好的牛肉用鸡蛋清、淀粉、料酒、白糖、鸡精、胡椒粉和少量的油拌匀，然后放入小火低温的热油锅中浸熟。

◎炒锅上火，油烧热，加入洋葱炒至变色，再下牛肉煸炒片刻，将生抽、盐、料酒、白糖倒入，用淀粉勾芡，加入鸡精、胡椒粉，炒匀出锅，装入木桶中即可。

尖椒牛肉丝

原材料 牛肉 400 克，尖椒 30 克，香菜 15 克

豆瓣酱 10 克、盐 5 克、鸡精 3 克、姜片、蒜末、水淀粉、胡椒粉、小苏打、料酒、油各适量

制作方法

◎将牛肉洗净，先切成细薄的片，再改刀切成细丝，放在盆内，加盐、水淀粉、小苏打，抓匀备用；尖椒洗净，切圈；香菜洗净，切段。

◎锅中下油，烧热，炒香豆瓣酱、姜片、蒜末、尖椒，将上浆牛肉丝下入锅中，爆炒 1 分钟。

◎将肉丝炒至变色，将香菜下入锅中，再烹入料酒，下盐、鸡精、胡椒粉，炒匀入味即可。

米椒牛肉

原材料 牛肉 400 克，米椒 100 克

盐 5 克、鸡精 3 克、白糖、胡椒面、花椒面、姜末、料酒、花椒、干红辣椒、油各适量

制作方法

◎将牛肉洗净，切片备用；米椒洗净，切碎备用。

◎将盐、白糖、胡椒面、花椒面、料酒放入牛肉中搅拌均匀，腌 20 分钟左右。

◎油烧热，放干红辣椒、花椒、姜末爆香，放牛肉炒至肉变色，放米椒翻炒后加料酒、盐、白糖翻炒，加点鸡精炒匀即可出锅。

> **厨房笔记**：没有米椒用一般的红辣椒也可以，但不要用菜椒。

花椒牛柳

原材料 牛里脊肉（牛柳）400 克，鲜花椒 20 克，尖椒 10 克

盐 8 克、鸡精 5 克、料酒 5 毫升、姜 5 克、葱 3 克、蒜 4 克、胡椒 5 克、红油 8 毫升、淀粉 10 克，油适量

制作方法

◎将牛柳切条，用盐、料酒稍腌渍，再裹上淀粉，过油待用。

◎锅中注油，烧热，下入鲜花椒爆香，加入牛柳炒香，再下入尖椒和其他调味料炒匀即可。

蚝油牛柳

原材料 牛肉 200 克，青菜 200 克

调味料 蚝油 15 克，葱末、姜末各 5 克，生抽 5 克，
料酒 5 克，盐 2 克，水淀粉 20 克，胡椒粉、
鸡精各少许，油适量

制作方法

◎将牛肉洗净，切片，加入生抽、水淀粉搅拌均匀；将青
菜去老叶，洗净，取菜梗部，切段；将蚝油、盐、料酒、
鸡精、胡椒粉加入少许清水，调成汁备用。
◎锅置火上，放油烧至五成热，放入牛肉片略炸，捞出沥油。
◎原锅中底油烧热，将葱末、姜末煸炒出香味，放入牛肉片、
青菜段，淋上调好的汁，翻炒至熟即可。

朝天椒炒牛腱

原材料 牛腱 300 克，朝天椒 30 克，青椒丝 50 克，
泡椒 10 克

调味料 盐 5 克，料酒 5 毫升，鸡精 4 克，淀粉适量，
姜丝、白糖、生抽、油各适量

制作方法

◎将牛腱洗净切片，加入盐、姜丝、白糖、生抽、鸡精、
淀粉搅拌均匀，腌渍片刻，备用；朝天椒切段，加少量盐
腌渍。
◎净锅上火，注入油，待油烧至五成热时，下牛肉入锅煸炒，
炒至变色后加入朝天椒、青椒丝、泡椒炒匀即可。

茶树菇炒牛柳

原材料 牛肉 200 克，茶树菇 100 克，青椒条、红椒
条、黄椒条各 10 克

调味料 盐、鸡精、淀粉、胡椒粉、花雕酒、油各
适量

制作方法

◎牛肉洗净后改刀，切成细小的长条，即为牛柳。
◎茶树菇洗净，焯水备用；牛柳加盐、鸡精、淀粉上浆，
滑油备用。
◎锅中放油烧热，加入牛柳、茶树菇、青椒条、红椒条、
黄椒条，调入胡椒粉、花雕酒，炒匀即成。

马蹄炒牛柳

原材料 牛里脊肉（牛柳）250克，马蹄100克，芹菜50克，红萝卜20克，豆腐50克，红椒10克

调味料 盐5克，料酒10毫升，鸡精5克，淀粉10克，姜1小块，胡椒粉10克，香油2毫升，油适量

制作方法

◎将牛里脊肉洗净，用刀背轻轻拍松肉片两面，切成薄片；马蹄洗净，切片；芹菜洗净，去叶，切小段；红萝卜洗净，切片；红椒洗净，切块；姜洗净，切末；豆腐洗净，切片。

◎牛肉片里加盐、鸡精、胡椒粉、姜片、料酒、淀粉，腌渍10分钟。

◎锅洗净，加油烧热，把豆腐焯水后炸至金黄，捞出；放入腌好的牛肉，用小火滑炒片刻，再放进马蹄、豆腐、芹菜、红萝卜、红椒，加盐，翻炒一会儿，淋入香油装盘即可。

酥椒牛柳王

原材料 牛柳200克，酥椒1袋

调味料 盐5克，鸡精3克，淀粉、嫩肉粉少许，油适量

制作方法

◎将牛柳洗净，切粒，用嫩肉粉、淀粉腌渍1小时。

◎锅中下油，烧热，将牛柳下入热油中滑开，捞出沥油。

◎锅中留少许底油，烧热，将酥椒、牛柳下入锅中翻炒，调入盐、鸡精，炒入味即可。

子姜炒牛腱

原材料 牛腱200克，子姜150克，红椒50克

调味料 盐7克，料酒8毫升，小苏打水少许，淀粉30克，葱白50克，油适量

制作方法

◎将牛腱洗净，切薄薄的大块；子姜削皮洗净，切成片；红椒洗净，去籽切块；葱白洗净，切段。

◎将切好的牛腱放入碗内，放入小苏打水和适量的清水，再加入盐、料酒、淀粉，腌渍一会儿。

◎炒锅上火，旺火烧热，下油烧至七成热，下入牛腱用铲快速推散至九成熟时铲起，随后倒入子姜片、红椒块、葱白段，翻炒2~3分钟即可。

西蓝花炒牛肉

原材料 牛肉 300 克，西蓝花 200 克，红椒 30 克
调味料 盐 5 克，鸡精 3 克，嫩肉粉、水淀粉、料酒、油各适量

制作方法
◎将牛肉洗净，切片；西蓝花洗净，切朵；红椒洗净，切圈。
◎将牛肉用嫩肉粉、料酒腌渍备用；西蓝花焯水。
◎净锅注油，烧热，下牛肉炒至八成熟，将西蓝花下入锅中翻炒，加少许水继续翻炒，再下盐、鸡精调味，再用水淀粉勾芡即可。

腰果炒牛肉

原材料 牛肉 150 克，青椒 20 克，红椒 20 克，木耳 15 克，腰果 50 克，洋葱 15 克
调味料 料酒、盐、蚝油、油各适量，生抽、淀粉、姜末各少许，蒜瓣 5 克

制作方法
◎将牛肉切丝，拌入少许生抽、淀粉、姜末腌渍片刻；青椒、红椒、木耳、洋葱洗净，切小块备用。
◎腰果下入低温油锅中浸炸至熟后，捞出沥油。
◎锅底留油，爆香蒜瓣，下入腌好的牛肉炒散，再加入青椒、红椒、木耳、洋葱、料酒，调入盐、蚝油翻炒至入味，下腰果炒匀即可。

金针炒牛肉

原材料 牛肉 250 克，新鲜金针花 150 克，红甜椒 35 克，黄甜椒 35 克
调味料 蚝油 2 小匙，玉米淀粉 15 克，白糖 15 克，白胡椒粉 2 克，油适量

制作方法
◎将牛肉洗净，切条，以调味料腌渍 30 分钟左右；红甜椒、黄甜椒去籽后切条备用。
◎起油锅，放入牛肉炒 2 分钟（约八成熟），取出备用。
◎将金针花、红甜椒、黄甜椒放入原油锅拌炒熟，再放入牛肉拌炒至熟即可。

> **厨房笔记**：切牛肉时，要横着牛肉纹理切。

黑椒鲍菇牛仔粒

原材料 牛仔肉 200 克，杏鲍菇 150 克，红椒 50 克，青椒 20 克

黑胡椒粉 20 克，生抽 10 毫升，料酒 5 毫升，蒜末 10 克，油适量

制作方法

◎ 杏鲍菇洗净，切块；红椒、青椒洗净，切片；牛仔肉洗净后切成粒。

◎ 净锅下油烧热，放入蒜末爆香，下入杏鲍菇块、青、红椒块、牛仔肉粒炒香，加入黑胡椒粉、生抽、料酒翻炒至熟即可。

小炒鲜牛肚

原材料 鲜牛肚 300 克，蒜薹 300 克，红椒 1 个

盐 6 克，蚝油 8 毫升，香油 20 毫升，鸡精 5 克，油、料酒、卤水各适量

制作方法

◎ 将蒜薹洗净，切段；红椒洗净，切丝。

◎ 将鲜牛肚洗净，入卤水锅中卤 2 个小时，捞出，晾凉后切片。

◎ 炒锅中下油烧热，下入蒜薹、红椒、牛肚片翻炒，加盐、料酒、鸡精、蚝油调味，淋上香油即可。

麻辣脆牛肚

原材料 牛肚 300 克，洋葱 100 克，青尖椒 2 个

盐 5 克，鸡精 3 克，干辣椒 10 克，胡椒粉、花椒粉各少许，油、料酒、干淀粉各适量

制作方法

◎ 将牛肚洗净，切片，用盐、鸡精、料酒、干淀粉腌渍；洋葱洗净，切丝；青尖椒洗净，切丝。

◎ 将锅中下油，烧至六成热，将牛肚下入锅中，炸至金黄，捞起沥油。

◎ 锅中留少许油，爆香干辣椒，将洋葱丝、青尖椒丝下入锅中爆炒至软，牛肚下入锅中，再下胡椒粉、花椒粉，炒匀入味即可。

泡椒牛肚

原材料 牛肚300克

调味料 蒜片、花椒、姜丝、料酒、生抽、盐、鸡精、泡椒、油各适量

制作方法
◎将牛肚洗净，入锅中煮熟，切成片。
◎锅中放油，油烧热后放入姜丝、蒜片和花椒炒香，再放入泡椒翻炒。
◎将肚片放入锅中快速煸炒，肚片煸干水分时下入料酒、生抽、盐、鸡精，翻炒2分钟即可。

薯条炒爽肚

原材料 土豆200克，蜂窝肚200克，洋葱、青椒、红椒各适量

调味料 盐8克，鸡精5克，咖喱粉5克，花雕酒少许，油适量

制作方法
◎将土豆洗净，切成条；蜂窝肚洗净，切成条；洋葱、青椒、红椒洗净，切丝。
◎将土豆入五成热的油中炸至金黄色，蜂窝肚入沸水中煮至熟烂。
◎锅中注油，烧热，下入洋葱丝、青椒丝、红椒丝、蜂窝肚、土豆条翻炒，烹入花雕酒、盐、鸡精、咖喱粉，炒至入味即可。

大蒜炒牛肚

原材料 牛大肚300克，香菜少许，灯笼椒30克，大蒜100克

调味料 姜末5克，料酒3毫升，豆瓣酱15克，鸡精5克，生抽3毫升，红油5毫升，盐、油各适量

制作方法
◎将牛大肚洗净，入锅中煮1小时后，捞出切片。
◎大蒜洗净去皮，入油锅中炸一下捞出备用；香菜洗净，切段。
◎锅中放油，爆香姜末、豆瓣酱、灯笼椒，再下入蒜、牛肚、料酒、生抽、红油、盐、鸡精，炒至入味，撒上香菜即可。

泡椒牛骨髓

原材料 牛骨髓 200 克，泡椒 300 克
调味料 盐 5 克，鸡精 8 克，姜末、蒜末、红油、花雕酒、白糖、水淀粉、油各适量

制作方法

◎将泡椒去蒂；牛骨髓洗净，入沸水中氽烫后捞出。

◎锅中放油，爆香姜末、蒜末、泡椒，下入牛骨髓翻炒片刻，调入盐、鸡精、红油、花雕酒、白糖，翻炒至入味，用水淀粉勾芡即可。

芹菜炒牛心顶

原材料 鲜牛心顶 250 克，芹菜 150 克，红椒 1 个
调味料 姜 10 克，料酒 10 毫升，生抽 5 毫升，盐 8 克，鸡精、油各适量

制作方法

◎姜洗净，去皮后切成丝；芹菜摘叶洗净，切段；红椒洗净，切成长条。

◎牛心顶洗净切片，入沸水锅内氽烫，去尽血污后捞出，改花刀，用料酒、生抽和少许盐腌 30 分钟。

◎净锅至旺火上，下油烧热，放入姜丝和红椒翻炒，出香味后倒入牛心顶，待牛心顶断生后倒入芹菜，翻炒至熟，出锅前加适量盐和鸡精调味即可。

> **厨房笔记**：牛心顶是牛的心脏顶部连接血脉和心脏的组织，是牛杂的一种，口感爽脆。

脆炒牛蹄筋

原材料 鲜牛蹄筋 450 克，蒜薹 120 克
调味料 盐 5 克，鸡精 4 克，辣椒酱 12 克，香油 3 毫升，油 15 毫升，干辣椒 20 克，卤水、油各适量

制作方法

◎将鲜牛蹄筋下卤水中卤好，切条状；蒜薹洗净，切寸段。

◎锅中下油烧热，放入蒜薹、干辣椒炒香，下牛蹄筋、盐、鸡精、辣椒酱翻炒均匀，出锅前淋上香油即可。

羊肉

香炒牛蹄

原材料 卤牛蹄筋 300 克，芹菜 100 克，红尖椒 10 克

调味料 姜 10 克，蒜 5 克，米酒 5 毫升，盐、鸡精、油各适量

制作方法

◎把卤好的牛蹄筋切成条；红尖椒洗净切成小圈；芹菜去叶洗净后切成段；姜、蒜洗净切成片备用。

◎净锅下油，烧至七成热，先下姜片、蒜片爆香，再放入牛蹄筋，锅边淋些米酒翻炒。

◎再放入红尖椒圈、芹菜炒匀，加少许盐、鸡精翻炒起锅即可。

乡村炒羊颈肉

原材料 羊颈肉 300 克，生菜 50 克

调味料 盐 5 克，鸡精 3 克，醋少许，胡椒粉少许，料酒、淀粉、葱、姜、蒜、油各适量

制作方法

◎将羊颈肉切成小片；姜、蒜切末；葱切成葱末；生菜洗净备用。

◎羊肉片中加姜末、料酒、盐、鸡精和醋，再加淀粉，拌匀略腌。

◎锅内放油烧热，将羊肉放入滑炒至刚刚变色，加入备好的蒜末、盐翻炒至香，撒上胡椒粉和葱末，装入铺好生菜的盘中即可。

碧绿炒羊肉

原材料 羊肉 200 克，四季豆 100 克，红椒 1 个

调味料 料酒、盐、鸡精、醋、胡椒粉、淀粉、葱、姜、蒜、油各适量

制作方法

◎将羊肉切成片；四季豆洗净，去掉两头筋，切段；红椒洗净、切片；姜、蒜切末；葱切段备用。

◎将羊肉片加姜末、料酒、盐、鸡精、醋、淀粉及少量清水拌匀，略腌。

◎将四季豆入沸水锅中汆烫后捞出，沥干水分。

◎锅内放油烧热，将羊肉放入滑炒至刚刚变色，下入四季豆、红椒、葱段、蒜末、盐翻炒至香，撒上胡椒粉即可出锅。

椒圈炒羊肉

原材料 腊羊肉 300 克，青、红椒各 1 个，香菜 10 克
姜片 10 克，干红椒 10 克，红油 10 毫升，料
酒 10 毫升，盐 3 克，鸡精 2 克，油适量

制作方法

◎将腊羊肉放入温水中冲洗干净，切成片；青、红椒洗净
斜切圈；干红椒切小粒。

◎先将腊羊肉过油，翻炒片刻后捞出，待用。

◎炒锅下油烧至七成热，下姜片和干红椒煸香，投入羊肉
片和青、红椒圈，翻炒均匀，加料酒，淋红油炒拌，最后
加盐、鸡精调味装盘，撒上香菜即可。

小炒黑山羊

原材料 黑山羊肉 300 克，尖椒 50 克，香菜 20 克
盐 3 克，鸡精 5 克，淀粉 5 克，生抽 6 克，
料酒、白胡椒、油各适量

制作方法

◎将羊肉洗净切成丝；尖椒洗净，切碎；香菜洗净，切成段。

◎羊肉丝用盐、料酒、淀粉、生抽腌渍 5 分钟。

◎锅中加油烧热，下入尖椒爆香，再下入羊肉丝翻炒至熟，
放入香菜、盐、白胡椒、鸡精炒匀即可。

厨房笔记： 羊肉腌渍时要加少许松肉粉和食粉，肉质才
嫩。

纸锅羊肉

原材料 羊腿肉 300 克，洋葱半个，豆苗 50 克，红
椒 30 克
油 40 毫升，盐、胡椒粉、料酒、水淀粉、生抽、
醋、白糖、鸡精、香油各适量

制作方法

◎将洋葱去皮，洗净，切成丝；豆苗洗净；红椒洗净，切成丝；
羊腿肉洗净，切成丝，用盐、胡椒粉拌匀，腌渍入味。

◎热锅注油，烧热，放入羊肉丝，煸炒至松散，放入洋葱、
豆苗、红椒略煸炒。

◎加入适量醋、白糖、鸡精、生抽、盐、料酒，略翻炒，
用水淀粉勾芡，淋香油少许，装盘即成。

辣子羊宝

原材料 羊宝 400 克，香菜 5 克，熟白芝麻 10 克，红椒 1 个

调底料 盐 5 克，鸡精 6 克，干辣椒末 10 克，油适量

制作方法

◎将羊宝洗净切片；香菜洗净切段；红椒洗净，切块；干辣椒切碎。

◎烧热油锅，放羊宝入油锅炒成金黄色。

◎锅中加入红椒块、干辣椒末、芝麻及盐、鸡精，翻炒均匀，起锅装盘，撒上香菜即可。

青椒豆腐炒羊肉

原材料 羊里脊肉 150 克，青椒 25 克，豆腐 4 块，鸡蛋 1 个

调底料 葱姜汁 5 克，鸡精 3 克，鸡油 10 毫升，料酒 15 毫升，水淀粉 10 克，干淀粉 25 克，盐 6 克，油 100 毫升，高汤 75 毫升

制作方法

◎将羊里脊肉切成小片，放入碗中，加料酒、干淀粉、葱姜汁、鸡精、盐及清水，拌匀上浆；然后将鸡蛋清倒入羊肉中，用筷子顺着同一个方向搅拌均匀；青椒洗净，切圈；豆腐切块。

◎净锅上火，先用少许油滑锅，烧热后注入油，待油烧至四成热时，将豆腐放入，煎至焦黄捞出，放凉后切成三角形状，备用。

◎另起锅，下油烧热，将羊肉一片片下入锅内滑油，待羊肉茸在油上浮起时，捞出沥油。

◎原锅留余油 10 毫升，放入青椒略煸，下羊肉片、豆腐入锅，烹入料酒、高汤、鸡精，用水淀粉勾芡，淋上鸡油，出锅装盘。

尖椒羊肠

原材料 羊肠 300 克，尖椒 50 克

调底料 盐 5 克，鸡精 3 克，蒜片少许，花雕酒少许，干辣椒 50 克，油适量

制作方法

◎将羊肠洗净；尖椒洗净，切丝；干辣椒切段。

◎将洗净的羊肠放入沸水中煮 40 分钟，捞出，沥水切段，放入油锅中，炸干水分，捞出控油。

◎锅底留少许油，下入羊肠、尖椒、盐、鸡精、干辣椒段、蒜片，洒上花雕酒，炒至入味即可。

爆炒羊腰花

原材料 羊腰2对，洋葱50克，青椒、红椒各10克

调底料 盐、鸡精、料酒、老抽、姜末、蒜末、油各适量

制作方法

◎将羊腰片去腰臊，切麦穗花刀；洋葱、青椒、红椒分别洗净，切片备用。

◎将腰花中拌入料酒、老抽腌入味后，入油锅中滑散。

◎锅留底油，下姜末、蒜末炝锅后，下入腰花、洋葱、辣椒，加盐、鸡精翻炒至入味即可。

> **厨房笔记** 将羊腰洗净后放入盐和白醋中浸泡10分钟，可去除臊味。

竹香手撕羊肉

原材料 腊羊肉300克，西芹100克，白芝麻10克，青椒适量

调底料 干辣椒20克，姜10克，蒜10克，葱10克，盐6克，鸡精6克，胡椒粉少许，料酒10毫升，水淀粉少许，香油1毫升，油适量

制作方法

◎腊羊肉入蒸锅中去皮切片；姜切米；蒜切末；葱切花；白芝麻炒熟。

◎西芹洗净后切成菱形块；青椒洗净后切成片；干辣椒洗净后切成节。

◎烧锅下油，下入姜末、青椒、干辣椒、蒜末炒香，放入羊肉，撒上白芝麻，加盐、鸡精、胡椒粉、葱花，淋入料酒、香油炒匀，出锅即成。

爆炒羊杂

原材料 羊肝300克，羊腰200克，青椒50克，红椒20克

调底料 盐7克，鸡精3克，生抽10毫升，料酒15毫升，面粉适量，辣椒粉少许，蒜片5克，油适量

制作方法

◎将羊肝洗净后片成薄片；羊腰洗净后片去腰臊，切成片；青椒、红椒洗净后切成片。

◎将切好的羊肝、羊腰加入面粉、少量盐、生抽、料酒腌渍10分钟。

◎净锅坐火上，放油后加入蒜片、青椒、红椒爆香后，放入羊杂翻炒，炒至将熟加辣椒粉、盐、鸡精调味即可。

一品羊宝

原材料 羊腰子300克，熟白芝麻少许

调味料 盐5克，鸡精3克，料酒10毫升，干辣椒50克，淀粉、姜、蒜、油各适量

制作方法

◎将羊腰子洗净，对半剖开，切麦穗花刀，用盐、料酒腌渍。

◎热锅注油，烧至六成热，将羊腰子裹上淀粉，入油中炸至酥脆，捞起沥油。

◎锅中留少许底油，烧热，爆香姜、蒜、干辣椒，将羊腰子下入锅中翻炒，加鸡精调味后，盛入用雀巢垫底的盘中，再撒上熟白芝麻即可。

香辣羊肚丝

原材料 羊毛肚600克，芹菜200克，红椒丝适量

调味料 小苏打5克，生抽15毫升，醋15毫升，料酒15毫升，香油3毫升，盐3克，油适量

制作方法

◎将羊毛肚用水煮1小时至软，捞出后切细丝，再用约6杯水加小苏打煮30分钟左右至熟烂为止，捞出冲洗一下，滤干水分。

◎用热油45毫升将肚丝爆炒一下并淋生抽调味，随即捞出再滤干；芹菜洗净后切成段。

◎将炒锅烧热，用45毫升油炒红椒丝和芹菜，并加入毛肚丝，加入生抽、醋、料酒、盐、香油，用大火炒匀即可。

炝拌羊肚

原材料 羊肚300克，蒜薹150克

调味料 盐5克，鸡精3克，醋、生抽各少许，干辣椒10克，油适量

制作方法

◎将羊肚洗净；蒜薹洗净，切段；干辣椒洗净，备用。

◎将羊肚放入沸水中煮熟烂，捞出晾凉，切片；蒜薹洗净，焯水备用。

◎热锅注油，烧热，炒香干辣椒，将蒜薹下入锅中，炒熟软，将羊肚下入锅中，加盐、鸡精、醋、生抽，翻炒均匀入味即可。

纸锅羊杂

原材料 羊肚、羊肠各200克，香菜少许

调味料 盐8克，姜末、蒜末各少许，鸡精5克，料酒10毫升，干辣椒少许，油500毫升，面粉适量

制作方法

◎将羊肚、羊肠分别洗净，切成条，用盐、鸡精、料酒腌1小时。

◎将羊肚、羊肠裹上面粉，入六成热的油锅中炸至酥脆，捞出控油。

◎锅中留少许底油，爆香姜末、蒜末、干辣椒，将炸好的羊肚、羊肠下入锅中翻炒至熟，盛入预先准备好的纸锅中，撒上香菜即可。

辣子兔丁

原材料 兔肉300克，花生、熟白芝麻、芹菜末各适量

调味料 生抽、料酒、淀粉、盐各少许，姜片、葱节、豆瓣酱、花椒、糖、油各适量，干辣椒少许

制作方法

◎将兔肉切丁，加入生抽、料酒、淀粉、盐拌匀，腌20分钟。

◎锅中加油，烧至八分热时，投入兔丁炸至酥黄，立刻取出。

◎起油锅，待油六成热时放入干辣椒、花椒、姜片、葱节炒香，然后放入豆瓣酱，沿锅边放料酒，放入兔丁、花生翻炒均匀，再加入适量糖、盐、熟白芝麻、芹菜末炒匀即可。

豆芽炒兔肉丝

原材料 兔肉100克，绿豆芽250克，西芹50克，红萝卜50克，青椒、红椒50克

调味料 盐3克，鸡精4克，白糖2克，料酒3克，水淀粉5克，生抽20克，香油2克，胡椒粉1克，姜10克，油适量

制作方法

◎兔肉顺纹切丝，洗净，滤水腌渍好；绿豆芽去头、尾，洗净；西芹、红萝卜、青椒、红椒也切成同样大小的丝状；姜切丝。

◎锅内加水烧开，放入西芹丝、红萝卜丝稍煮片刻；炒锅下油，下兔肉丝炒至刚熟，倒出待用。

◎再烧锅下油，下姜丝、青椒丝、红椒丝爆香，下绿豆芽炒至八成熟，再下红萝卜丝、西芹丝、兔肉丝，放入料酒，加清水，调入盐、生抽、鸡精、白糖、胡椒粉炒匀，用水淀粉勾芡，淋上香油即成。

辣椒驴肚

原材料 驴肚 300 克，青椒、红椒共 100 克

调味料 盐 5 克，鸡精 6 克，生抽 8 毫升，醋 5 毫升，姜、蒜末、油各适量，干辣椒少许

制作方法
◎ 将驴肚洗净；青椒、红椒洗净，切片。
◎ 将驴肚下入锅中，加水煮至熟烂，再切片备用。
◎ 锅中下油烧热，下姜、蒜末爆香，再下入驴肚、青椒、红椒及盐、鸡精、生抽、醋、干辣椒，翻炒均匀即可。

陈皮蒜椒马香肠

原材料 陈皮 10 克，马香肠 300 克，红椒 1 个

调味料 盐 5 克，鸡精 6 克，胡椒粉 8 克，干辣椒少许，蒜 8 克

制作方法
◎ 将陈皮洗净，切丝；蒜入油中炸香；马香肠洗净，切成丁；红椒洗净切条；干辣椒切末。
◎ 锅中下油烧热，下入陈皮、蒜、红椒条、干辣椒末爆出香味，再放入马香肠爆炒 2 分钟。
◎ 下入盐、鸡精、胡椒粉，翻炒均匀即可。

香酥蚕蛹

原材料 蚕蛹 250 克，熟白芝麻 5 克

调味料 盐 2 克，鸡精 1 克，辣椒粉 5 克，淀粉少许，花椒粉 5 克，葱末 10 克，油适量

制作方法
◎ 将蚕蛹用盐水煮熟后，对半剖开，去掉杂物。
◎ 将蚕蛹撒上淀粉，放入油锅中炸至酥脆，捞出备用。
◎ 锅上火，油烧热，下入葱末、熟白芝麻、辣椒粉炒香，倒入蚕蛹，加盐、花椒粉、鸡精略炒即可。

厨房笔记：炸蚕蛹的时间不宜过久，以免有苦味。

PART 3

第三章

Healthy and Nutritive: Poultry and Eggs

吃出健康好味道
——禽蛋类

　　禽蛋是人们生活中不可或缺的营养食品。它一般包括鸡、鸭、鹅、鸽及野生禽类动物的肉及其所产的蛋。禽蛋含有丰富的蛋白质、无机盐及维生素，其脂肪含量较畜肉要低一些，属于绿色肉类。对于小炒来说，禽肉脂肪纤维细腻，易于人体消化；而蛋富含蛋白质，营养丰富，是小炒中必备的食材。

鸡

尖椒炒仔鸡

原材料 仔鸡 500 克，青、红尖椒共 200 克

调味料 盐 5 克，鸡精 3 克，料酒 6 毫升，姜、蒜、葱白各 10 克，花椒 5 克，白糖、油各适量

制作方法

◎将仔鸡宰杀、治净，切成小块，用盐、料酒拌匀，放入七成热的油锅中炸至外表变干，呈深黄色，捞起待用。

◎青、红尖椒分别洗净，切圈；姜洗净，切片；蒜洗净，切末；葱白洗净，切段备用。

◎热锅注油，烧至七成热，倒入姜、蒜炒香，加入尖椒、花椒略微翻炒，倒入炸好的鸡块，翻炒均匀，撒上葱白、鸡精、白糖，炒至入味后起锅即可。

宫保鸡丁

原材料 鸡肉 250 克，花生米 150 克

调味料 花椒粒 3 克，盐 5 克，白糖 5 克，鸡精 3 克，料酒 10 毫升，醋 8 毫升，豆瓣酱、蒜末、葱白、油、干辣椒各适量

制作方法

◎将鸡肉洗净，切成丁；花生米洗净，沥水备用；干辣椒洗净，切段；葱白洗净，切小段；将料酒、盐、白糖、鸡精调成味汁。

◎净锅注油，烧至六成热，下鸡丁滑油，盛起沥干油；花生米在油锅中炸熟，捞出沥油。

◎锅内留少许底油，烧至六成热，投入花椒粒和干辣椒，略炸，放入豆瓣酱、葱白段、蒜末煸炒出香，倒入鸡丁，烹入味汁和醋，翻炒均匀，立即熄火，放入花生米，拌匀即可出锅。

拌炒鸡肉末

原材料 鸡胸肉 120 克，白米 15 克，红尖椒、香菜各少许

调味料 鱼露 15 克，柠檬汁 15 克，糖 8 克，葱、红葱头各少许，油适量

制作方法

◎将白米用锅炒熟搅碎，备用。

◎鸡胸肉切末炒熟，并慢慢炒至水分收干。

◎葱、红葱头、红尖椒、香菜切末，和所有调味料一起拌匀。

◎再加入鸡肉末、炒熟的白米，充分混合后，盛入盘中即可。

鸡丝炒西葫芦

原材料 鸡肉 150 克，西葫芦 250 克，鸡蛋清适量

调味料 姜汁 20 克，料酒 8 克，盐 2 克，生抽 10 克，鸡精 2 克，淀粉 5 克，大葱 10 克，高汤、油各适量

制作方法

◎将淀粉加水适量调匀成水淀粉；大葱洗净切成细丝；鸡肉剔去筋膜后片成大片，顺丝切成丝；西葫芦洗净切片，再切成细丝，用温水洗一下，控净水分。

◎将鸡丝用少许盐、水淀粉、鸡蛋清浆好。

◎锅烧热，注入油烧至三四成热时下入鸡丝拨散滑透；然后将西葫芦丝用油滑一下，一起倒入漏勺内控油。

◎锅内留少许底油，烧热，放葱丝炝锅，下烹料酒、姜汁，随即倒入鸡丝和西葫芦丝，放高汤、盐、生抽和鸡精，翻炒均匀即可装盘。

大漠风沙鸡

原材料 鸡肉 300 克，面包糠 60 克

调味料 蒜末 15 克，盐、料酒、陈醋、油各适量

制作方法

◎将鸡肉洗净，切小块，用盐、料酒、陈醋腌渍约 2 小时。

◎净锅注油，烧至六成热，放入鸡块炸至金黄色，捞出沥油；锅中留油，放入面包糠、蒜末，稍炸，盛出备用。

◎锅留少许底油，下鸡肉焖炒约 2 分钟，调入盐，炒入味，盛出装盘，撒上面包糠、蒜末即可。

> **厨房笔记**：炸面包糠时油温不宜高，炸的时间也不宜太久，以免炸糊。

腌辣椒炒鸡

原材料 鸡肉 400 克，腌辣椒 150 克

调味料 盐、葱、姜片、淀粉、鸡精、油各适量

制作方法

◎将鸡肉洗净，切丁，用盐、淀粉拌匀，腌渍约 10 分钟；葱洗净，切段；腌辣椒切小段，备用。

◎炒锅上火，注油，烧至三成热，下鸡丁入锅滑油，待鸡肉呈白色时起锅，沥油备用。

◎锅留少许底油，烧热，下姜片煸香，加入腌辣椒、鸡丁翻炒片刻，调入盐、鸡精炒至入味，撒上葱段，装碗即可。

香辣鸡块

> **原材料** 鸡肉 400 克
>
> **调味料** 盐 2 克，鸡精 3 克，姜末 15 克，葱段 10 克，生抽 25 毫升，料酒 5 毫升，香油 10 毫升，高汤 75 毫升，油 60 毫升，干红辣椒 75 克

制作方法

◎将鸡肉洗净，剁成小块，用盐、料酒、生抽腌渍一会儿，放入五成热的油锅中炒至六成熟，装盘；干红辣椒洗净，切段备用。

◎热锅留油，烧热，下葱段、姜末爆香，加入生抽、盐、高汤、料酒、鸡块。待鸡肉九成熟时，加干红辣椒炒至入味，调入鸡精、香油翻炒均匀，即可出锅。

青苹果炒鸡丁

> **原材料** 鸡胸肉 220 克，青苹果 2 个，青椒、黄椒各 2 个，小番茄 5 个
>
> **调味料** 盐 10 克，白糖 5 克，蚝油 15 毫升，白醋 5 毫升，油 30 毫升

制作方法

◎鸡胸肉切丁；青椒、黄椒去蒂及籽，切丁；青苹果去皮，切丁。将这些材料加入小番茄泡入水中加盐调匀，以防止变色。

◎锅中倒入油以小火烧至温热，放入鸡丁炒熟，加入青椒、黄椒拌炒几下，再加入白糖、蚝油、白醋，转大火快炒，最后加入小番茄、青苹果丁炒匀即可盛出。

小炒鸡杂

> **原材料** 鸡心 150 克，鸡胗 150 克，蒜薹 5 克
>
> **调味料** 盐 5 克，姜 5 克，鸡精 3 克，野山椒、泡椒各 10 克，生抽 5 毫升，白糖 5 克，料酒 10 毫升，油适量

制作方法

◎将野山椒洗净，切段；泡椒切圈；蒜薹洗净，切成小段；姜洗净，切末备用。

◎将鸡心、鸡胗洗净，切片装碗，调入盐、鸡精、料酒拌匀，腌渍入味。

◎炒锅上火，注入油，烧至五成热，放入姜末、野山椒、泡椒煸炒出香，加入鸡心、鸡胗，炒到变色、断生后，加入蒜薹，调入白糖、鸡精、生抽，翻炒均匀，起锅装盘。

牙签肉

原材料 鸡肉 300 克，熟白芝麻 10 克

调味料 盐 5 克，鸡精 3 克，干辣椒 30 克，料酒、生抽、油各适量

制作方法

◎将鸡肉洗净，切成粒，用盐、料酒腌渍，再用牙签穿成串。

◎锅中下油，烧至六成热，将鸡肉下入锅中炸至金黄色，捞起沥油。

◎锅中留少许底油，炒香干辣椒，将鸡肉串下入锅中，翻炒，再下入鸡精、盐、生抽调味，出锅盛盘，撒上熟白芝麻即可。

香辣跳跳骨

原材料 冰冻鸡关节脆骨 500 克，熟白芝麻 5 克

调味料 油 50 毫升，盐 2 克，花椒 15 克，鸡精 3 克，香油 5 毫升，蒜 6 克，老姜 6 克，红油 5 毫升，葱 20 克，卤水 400 毫升，干辣椒节 50 克

制作方法

◎将脆骨放清水中解冻，再入沸水中余煮 2 分钟，然后放入卤水中小火卤至八成熟，捞起；老姜、蒜分别切成指甲大的片；葱切马耳形。

◎锅中放底油，烧至五成热，下干辣椒节大火煸炒至棕红色，再放入花椒大火爆香，然后放入脆骨，下姜片、蒜片、葱大火翻炒约 30 秒，淋入香油、红油，下盐、鸡精大火翻炒 20 秒，炒均匀后起锅装盘，撒上熟白芝麻即成。

小米椒爆双脆

原材料 鹅肠 200 克，黄喉 150 克，贡菜 50 克

调味料 姜末 5 克，葱段 5 克，小米椒、野山椒共 50 克，蒜末 8 克，盐 5 克，鸡精 3 克，油适量

制作方法

◎将鹅肠翻洗干净，切段；黄喉洗净，切条；贡菜泡发好，洗净，切条；野山椒、小米椒分别洗净，待用。

◎将鹅肠、黄喉分别放入沸水锅中余烫，捞出，沥干水分后放入热油锅中过一下油，捞出待用。

◎锅留底油，烧热后下姜末、蒜末爆香，加入小米椒、贡菜、野山椒、鹅肠、黄喉、葱段爆炒片刻，调入盐、鸡精翻炒至熟，即可起锅。

泡椒鸡卵

> **原材料** 鸡卵 300 克
> **调味料** 盐 5 克，泡椒 200 克，鸡精 3 克，料酒 15 毫
> 升，姜片、蒜片、水淀粉、油各适量

制作方法

◎ 将鸡卵洗净，去掉油筋，放入沸水锅中氽烫至熟，捞出，洗净，用料酒腌一会儿。

◎ 净锅上火，注入油，爆香姜片、蒜片、泡椒，下入鸡卵，加盐、鸡精、料酒翻炒至入味，用水淀粉勾芡即可。

鸡丝拉皮

> **原材料** 干拉皮 200 克，鸡胸 200 克，黄瓜 1 根，胡萝卜 1 根，香菇适量
> **调味料** 生抽 15 毫升，料酒 15 毫升，盐 5 克，醋 5 毫升，白糖 5 克，水淀粉 15 毫升，大葱 1 根，蒜 4 瓣，香菜、油各适量

制作方法

◎ 鸡胸洗净后切丝，放少许盐、料酒和水淀粉腌渍 10 分钟。

◎ 盆中倒入开水，然后将拉皮一根根地放进去，用开水浸泡 15 分钟，直到拉皮充分变软。

◎ 将黄瓜、香菇、胡萝卜洗净切丝；香菜洗净切段；大葱洗净切丝；蒜压成蒜末。

◎ 平底锅中注油，烧至七成热时放入鸡丝煸炒至变色，盛出备用。

◎ 锅中再倒入一点油，放入葱丝和蒜末，煸出香味后，倒入胡萝卜丝和香菇丝炒 1 分钟，关火，利用锅的余温将炒好的鸡丝倒回锅中，再倒入浸泡好的拉皮，调入生抽、料酒、盐、醋和白糖，翻炒 1 分钟，可以倒一点点水以防粘锅，最后放入黄瓜丝和香菜段摆盘即可。

白辣椒炒鸡杂

> **原材料** 鸡胗 400 克，红椒 50 克，青蒜 30 克
> **调味料** 盐 3 克，鸡精 3 克，香油 2 克，料酒 8 克，淀粉 10 克，姜末 10 克，蒜末 10 克，白辣椒 200 克，油适量

制作方法

◎ 鸡胗切成片；白辣椒切碎；红椒、青蒜切小段。

◎ 将切好的鸡胗用盐、料酒、淀粉腌渍好待用。

◎ 锅内放油，将鸡胗快速过一下油，捞出，锅内留油。

◎ 将白辣椒、红椒炒香，下姜末、蒜末、鸡胗，旺火翻炒，调入鸡精、料酒，勾少许薄芡，下青蒜，淋入香油装盘即成。

土芹蒜苗炒鸡杂

原材料 鸡肝 150 克，鸡胗 150 克，土芹菜 100 克，红椒 50 克，青蒜适量

调味料 油、盐、鸡精、生抽、白糖、淀粉、葱末、姜末、料酒各适量

制作方法

◎土芹菜去根，去叶，留梗洗净，切成段；红椒剖开，去籽，洗干净，切长条；青蒜洗净，切段。

◎鸡胗、鸡肝洗净改刀放入碗内，放入适量盐、鸡精、淀粉略拌上浆。

◎炒锅内放油，烧热，放入姜末、葱末煸炒起香，加入鸡胗、鸡肝炒至六成熟，盛入碗内。

◎炒锅内再放油适量，油热，放入土芹菜、青蒜和红椒略炒，倒入鸡杂，加入适量白糖、鸡精、生抽、料酒略翻炒均匀，装盘即可。

三椒鸡胗

原材料 鸡胗 200 克，红椒 1 个，胡萝卜块、芹菜段各适量，花生仁少许，灯笼椒 30 克，红泡椒 30 克，野山椒 30 克

调味料 盐、料酒、鸡精、胡椒粉、花雕酒、油各适量

制作方法

◎将鸡胗切十字花刀，用盐、料酒腌渍片刻；红椒洗净，斜切成圈；红泡椒、灯笼椒、野山椒全部切成段。

◎锅置火上，烧热后注油，倒入红泡椒、灯笼椒、野山椒，加少许盐炒香，盛出待用。

◎净锅注油，烧热后倒入鸡胗、胡萝卜块、芹菜段，翻炒至熟，加入三椒同炒，调入花雕酒、盐、鸡精、胡椒粉，撒入花生仁，炒至入味，起锅装盘，用红椒圈围盘装饰即可。

菜心炒鸡肾

原材料 鸡肾 150 克，菜心 150 克

调味料 淀粉、盐、白糖、油、生抽各适量

制作方法

◎鸡肾洗净，切花刀，用淀粉、盐、生抽、白糖拌匀，腌约 15 分钟。

◎青菜心洗净，去老茎，切斜刀，入已加盐的沸水中焯熟，捞出沥干水分后装盘。

◎另起油锅，将已经腌好的鸡肾单独炒熟，铺在盛好的青菜上面即可。

五仁鸡脆骨

原材料 鸡脆骨 200 克，花生仁 50 克，松仁 50 克，腰果 50 克，橄榄仁 50 克，杏仁 30 克

调味料 盐 5 克，鸡精 3 克，生抽 5 毫升，淀粉、姜末、蒜末、油各适量

制作方法

◎将花生仁、松仁、腰果、橄榄仁、杏仁分别洗净，沥干水；鸡脆骨切成块，裹上淀粉、盐腌渍待用。

◎将花生仁、松仁、腰果、橄榄仁、杏仁分别下入油锅中炸熟，捞起待用；鸡脆骨入油锅中炸至金黄，捞出沥油。

◎锅留少许底油，爆香姜末、蒜末，将花生仁、松仁、腰果、橄榄仁、杏仁、鸡脆骨下锅同炒，调入盐、鸡精、生抽，炒匀即可。

美极鸡脆骨

原材料 鸡脆骨 300 克，腰果 50 克，鸡蛋液少许

调味料 盐 5 克，鸡精 6 克，胡椒粉 5 克，辣椒酱 5 克，油、料酒各适量，葱末、姜末、蒜末各少许，淀粉少许，生抽 10 克，白糖 3 克

制作方法

◎将鸡脆骨洗净，放入沸水锅中氽烫一下，捞出，用鸡蛋液、淀粉、料酒拌匀，腌渍 2 小时以上。

◎净锅上火，注入油，下鸡脆骨入油锅中稍炸；然后将腰果放入油锅中炸酥，捞出。

◎炒锅上火，注入油，烧热，下鸡脆骨、腰果、葱末、姜末、蒜末、盐、鸡精、生抽、白糖、胡椒粉、辣椒酱，爆炒约 2 分钟，出锅即可。

辣子鸡脆骨

原材料 鸡脆骨 300 克，鸡蛋 1 个，熟白芝麻少许

调味料 盐 5 克，鸡精 3 克，花椒 20 克，料酒 5 毫升，淀粉、油各适量，葱末 15 克，姜末 15 克，蒜末 10 克，干辣椒 200 克

制作方法

◎鸡脆骨洗净，加入少许盐、料酒，腌渍入味待用；鸡蛋磕入碗中，搅打均匀；干辣椒洗净，切段。

◎将鸡脆骨用蛋液拌匀，裹上淀粉，放入油锅中炸至酥香。

◎锅留底油，烧热，爆香干辣椒、花椒，下鸡脆骨翻炒，调入盐、鸡精、姜末、蒜末炒匀，撒上葱末、熟白芝麻即可。

干锅土匪鸭

原材料 鸭肉 500 克，红椒碎少许，香菜少许

调味料 盐 5 克，鸡精 3 克，胡椒粉 5 克，油适量，
姜片、蒜末各少许

制作方法

◎将鸭洗净，斩件备用；香菜洗净备用。

◎锅中下油烧至六成热，下鸭块滑油，再捞出沥油。

◎锅中留少许底油，烧热，爆香姜片、蒜末，再下鸭块翻
炒 2 分钟，将红椒碎、盐、鸡精、胡椒粉下入锅中，加入
适量水，炒至鸭块入味，盛入干锅中，再撒上香菜即可。

生 炒 鸭 丁

原材料 鸭肉 150 克，鲜木耳 10 克，红椒 1 只

调味料 油 15 克，盐 6 克，鸡精 2 克，胡椒粉少许，
料酒 2 克，水淀粉适量，香油 1 克，姜 5 克，
葱 5 克

制作方法

◎鸭肉切丁；鲜木耳切小片；红椒去籽切丁；姜去皮切小片；
葱切段。

◎鸭肉用少许盐、鸡精、料酒、水淀粉腌好，再用锅加油，
炒至八成熟盛出待用。

◎净锅烧热下油，加入姜片、红椒片、木耳丁、葱翻炒几
下，加入鸭丁，调入剩下的盐、鸡精、胡椒粉，炒透入味，
再用水淀粉勾芡，淋入香油即成。

> **厨房笔记** 要选择肉质新鲜、脂肪有光泽的鸭肉。

干锅口味鸭

原材料 草鸭 1 只，青、红尖椒 10 克，香菜适量

调味料 野山椒 20 克，干花椒 10 克，干辣椒 20 克，
盐 5 克，蒜 5 瓣，鸡精、胡椒粉、油各适
量

制作方法

◎将鸭洗净，斩成方块，余水后洗净待用；青、红尖椒洗净后，
切成小圈；蒜切成片。

◎锅注油烧至七成热，加鸭块爆香，捞起沥油。

◎锅中加蒜片、野山椒、干花椒、干辣椒炒出香味，再加
入鸭块和青、红尖椒翻炒，加适量盐、鸡精、胡椒粉，起
锅后撒上香菜即可。

手撕鸭

原材料 老水鸭1只，红椒块少许，香菜段少许，熟白芝麻少许

调味料 卤水1000毫升，姜片15克，葱段10克，盐10克，鸡精5克，香油20毫升，豉油10毫升，蚝油6毫升，油10毫升

制作方法

◎将老水鸭宰杀，洗净，放入卤水中，加入姜片、葱段，以大火卤至鸭肉八成熟，捞出，晾凉，用手撕成块。

◎炒锅上火，注油烧热，放入盐、鸡精、豉油、蚝油、熟白芝麻、红椒块炒香，再下入鸭子翻炒入味，淋入香油，炒匀，出锅，撒上香菜段即可。

大蒜炒鸭

原材料 鸭1500克

调味料 盐5克，生抽少许，蒜50克，白糖5克，油适量

制作方法

◎将鸭宰杀，去毛及内脏，用清水洗净，斩成小块；蒜去皮洗净。

◎净锅坐火上，锅中放油，烧热后放入蒜煸炒，再下入鸭块翻炒，待炒至将熟，加生抽、盐、白糖调味，炒匀后即可出锅。

炒血鸭

原材料 鸭500克，小红椒50克

调味料 生抽10毫升，盐8克，鸡精3克，水淀粉15毫升，料酒15毫升，熟猪油、高汤各适量，仔姜30克，蒜瓣50克

制作方法

◎用刀将活鸭颈部血管割断，用碗盛血，并搅动到不再凝结为止，同时剔出血筋，再用开水烫后去尽羽毛，然后剖腹去内脏。洗净后，鸭头取下，去嘴尖斩成3块（下颌至颈部1块，鸭头一劈两半），斩断鸭脚，去掉爪尖，取下鸭翅，去掉尾臊，再将鸭肉斩成2厘米见方的小块。

◎将仔姜洗净；蒜瓣去皮洗净，切末；小红椒切末。

◎炒锅置中火，放入熟猪油，烧至七成热，先下入鸭头、翅、脚炸熟捞出，再下入鸭块煸炒待收干水，倒入鸭血炒匀。然后，加入料酒、盐炒至五成熟，依次放入生抽、高汤、仔姜、蒜、小红椒炒匀，约5分钟后，加鸡精，用水淀粉勾芡收浓汁，盛入大盘内即成。

辣子板鸭

原材料 板鸭1只，熟白芝麻适量
干辣椒150克，青花椒20克，香油、鸡精、花椒油各适量，油400毫升

制作方法
◎将板鸭洗净，剁成小块；干辣椒洗净，切成段后放入热锅中煸干，装盘待用。
◎热锅注油，烧至八成热，盛出150毫升，装碗备用；将鸭块放入油锅内中炸酥，装盘待用。
◎净锅上火，注入备用的150毫升热油，下干辣椒段、青花椒煸炒出香，加入鸭块同炒1分钟，待鸭块变红时调入熟白芝麻、香油、花椒油、鸡精，拌匀装盘即可。

酱板鸭炒牛蛙

原材料 酱板鸭300克，牛蛙100克
盐6克，鸡精4克，油20毫升，豆瓣酱7克，辣酱8克，生抽8毫升，香油30毫升，姜15克，蒜8克，葱10克，小红椒20克，高汤、油各适量

制作方法
◎酱板鸭斩成块；牛蛙杀洗干净后斩成块；姜切片；蒜切粒；小红椒切节；葱切段。
◎牛蛙用少许盐和生抽拌匀浆好，将油烧沸，下入牛蛙和酱板鸭炸透一起捞出。
◎锅内留油，下入姜片、蒜粒、小红椒段，加入盐、鸡精、豆瓣酱、辣酱炒香，再放入炸好的牛蛙和酱板鸭，下少许高汤炒入味，淋上香油即可。

竹香鸭

原材料 板鸭500克，红椒3个，灯笼椒50克，熟白芝麻、香菜适量
盐3克，鸡精3克，香油5毫升，料酒、油各适量，姜片、蒜末适量

制作方法
◎板鸭洗净，入蒸锅中蒸半小时后取出；红椒洗净，切成段；灯笼椒洗净，切丝。
◎板鸭剁成小块，入六成热的油中炸2分钟后捞出。
◎锅中爆香姜片、蒜末、灯笼椒、红椒，下入板鸭、料酒、盐、鸡精、香油，炒至入味，撒上熟白芝麻、香菜即可。

厨房笔记：板鸭本身就有咸味，不宜放太多盐。

美极鸭下巴

原材料 鸭下巴 300 克，洋葱 20 克，青椒、红椒各 1 个

调味料 盐 5 克，鸡精 5 克，姜片 5 克，葱末 20 克，料酒 10 毫升，辣椒粉 20 克，花椒面 10 克，老卤水 300 毫升，油适量

制作方法

◎将鸭下巴洗净，放入老卤水中，卤熟待用；青、红椒洗净，切粒；洋葱洗净，切粒。

◎油烧至五成热，下鸭下巴炸至酥香，捞出备用。

◎锅留余油，加入青椒粒、红椒粒、洋葱粒、鸭下巴翻炒片刻，调入姜片、料酒、辣椒粉、花椒面、鸡精、盐，起锅摆盘，撒上葱末即可。

椒盐鸭下巴

原材料 鸭下巴 250 克

调味料 蒜油、葱段、姜片、油、辣椒面、盐、鸡精、生抽、花椒粉、油各适量

制作方法

◎将鸭下巴洗净，加入葱段、姜片、花椒粉、盐腌渍 10 小时。

◎将腌渍好的鸭下巴下油锅炸至金黄色，捞出沥油。

◎锅内留少许油，放入鸭下巴、生抽、辣椒面、蒜油、花椒粉、鸡精翻炒一下，起锅装盘即成。

辣子鸭脖子

原材料 鸭脖子 2 根

调味料 盐少许，花椒 5 克，白糖、料酒、葱、姜、蒜、辣子鸡酱、油各适量，干辣椒 200 克

制作方法

◎将鸭脖子洗净，斩成段，用盐、料酒、白糖腌渍 30 分钟以上；葱洗净，切段；姜洗净，切片。

◎热锅注油，下鸭脖子炒至七成熟，盛出待用。

◎锅内留少许油，下姜片、葱段、蒜爆炒，倒入花椒和干辣椒炒香，加入鸭脖子，翻炒片刻，放入辣子鸡酱，炒至鸭脖子干香即可。

> **厨房笔记：** 干辣椒和花椒粒刚炸香时就下鸭脖子，注意别炸煳了；干辣椒、花椒粒的数量依据个人口味增减。

辣子鸭舌

原材料 鸭舌 400 克

调味料 花椒、葱白、盐、姜片、料酒、白糖、蒜、辣子鸡酱、麻椒、鸡精、油、干辣椒各适量

制作方法

◎将鸭舌洗净，用盐、鸡精、料酒、白糖腌渍 30 分钟以上；干辣椒洗净，剪段；葱白洗净，切末；蒜去皮，备用。

◎热锅注油，爆香鸭舌，约七八成熟，盛起待用。

◎锅留少许油，下姜片、蒜爆香，倒入花椒和干辣椒、麻椒，炒至辣味出来，加入葱白炒香的鸭舌，翻炒片刻，烹入辣子鸡酱，炒至鸭舌干香即可。

木桶鸭肠

原材料 鸭肠 300 克，青尖椒 30 克，红尖椒 20 克，洋葱 10 克

调味料 盐 5 克，鸡精 3 克，料酒 5 毫升，辣椒酱 5 克，油 10 毫升，姜末、蒜末各 5 克

制作方法

◎将鸭肠洗净，放入沸水锅中汆烫断生，捞出沥干水，切成小段；青、红尖椒分别洗净，切段；洋葱洗净，切块。

◎热锅注油，烧热，下姜末、洋葱、蒜末、青尖椒、红尖椒炒香，加入鸭肠，爆炒 2 分钟，调入盐、鸡精、料酒、辣椒酱，炒匀即可。

翡翠鸭掌

原材料 拆骨鸭掌 100 克，青椒 100 克

调味料 油、料酒、卤汁、盐、鸡精、水淀粉、高汤各适量，蒜 2 瓣

制作方法

◎青椒去籽、蒂，洗净后切成块，投入沸水锅内煮熟，用温水漂凉待用；蒜去皮，拍碎成蒜末；掌洗净，一切两半。

◎炒锅上火，放入油烧至六成热，先将蒜末下锅炒香，再投入鸭掌、青椒，加入料酒、鸡精、盐和少量高汤煮沸，用水淀粉勾芡，翻炒几下浇上卤汁起锅即可。

厨房笔记： 烹饪鸭掌时，最好将脚趾去掉。

腐竹捞鹅肠

原材料 鹅肠 250 克，腐竹 75 克，香菜 10 克
调味料 盐 8 克，鸡精 5 克，野山椒 5 克，油适量，
小米椒 5 克

制作方法

◎将鹅肠洗净，放入沸水锅中汆熟，捞出后切成段；腐竹泡发，捞出沥水；小米椒洗净，切段；香菜洗净，去根，切长段备用。

◎净锅上火，注油烧热，下野山椒、小米椒煸炒出香，加入鹅肠、腐竹、香菜、盐、鸡精拌炒均匀，即可出锅。

玉米鹅肠

原材料 鹅肠 150 克，玉米粒 200 克，青椒 1 个，
红椒 1 个
调味料 鸡精 3 克，白糖 5 克，姜末 3 克，蒜末 3 克，
盐、水淀粉、油各适量，葱末少许

制作方法

◎将玉米粒淘洗干净，用少许盐和水淀粉抓匀；鹅肠用盐搓洗干净，放入沸水锅中汆烫一下，立即捞出，切段，加少许水淀粉腌渍片刻；青、红椒洗净，切圈，备用。

◎净锅上火，注入油，下玉米粒炸至表面金黄，捞出，沥油；锅留底油，烧热，下姜末、蒜末爆香，加入鹅肠，爆炒片刻，下青、红椒圈和玉米粒，翻炒几下，烹入盐、鸡精、白糖，炒至入味，撒上葱末，即可起锅。

干椒鹅肠

原材料 新鲜鹅肠 500 克
调味料 盐 10 克，鸡精 10 克，葱末、蒜末、姜末、
油各适量，香油 5 毫升，干辣椒 20 克

制作方法

◎将鹅肠洗净，剪成段，放入沸水锅中煮熟后捞出，沥水装盘；干辣椒切成段，备用。

◎热锅注油，下入盐、鸡精、干辣椒段、蒜末、姜末爆香，盛出淋在鹅肠上，烹入香油，撒上葱末即可。

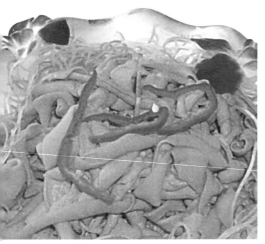

豉油皇鹅肠

原材料 鹅肠 400 克，红椒 10 克

调味料 盐 6 克，蒜 6 克，料酒 10 毫升，生抽 5 毫升，白糖 5 克，葱 2 克，香油 5 毫升

制作方法

◎鹅肠先用盐搓均匀后经水浸泡片刻再洗干净，可反复多次，直至洗干净为止。

◎蒜切碎；葱切成丝，用盐水浸泡片刻后晾干水备用；红椒切丝。

◎锅内放少许油烧热，放入蒜爆出香味后，加鹅肠、红椒丝和料酒爆炒片刻后，加适量的生抽和白糖继续爆炒，至鹅肠稍微卷曲，淋上香油炒匀装盘即可。

麻花野鸽

原材料 麻花 200 克，鸽子 300 克，红椒块 20 克，青椒块 20 克

调味料 盐 8 克，蒜末、姜末各少许，油适量，干辣椒段 10 克

制作方法

◎将鸽子宰杀洗净，放入沸水锅中余去血水，捞出，沥水后放入热油锅中炸熟，晾凉后切成小块，备用。

◎锅留底油，烧热，下蒜末、姜末、青椒块、红椒块、干辣椒段煸炒出香，加入麻花、鸽子，爆炒 2 分钟，调入盐翻炒均匀，起锅装盘即可。

香辣荷花雀

原材料 荷花雀 500 克，红椒 2 个

调味料 盐 8 克，鸡精 5 克，花雕酒 20 毫升，孜然 15 克，姜末、蒜末、葱末、油各适量

制作方法

◎将荷花雀去皮、去嘴，去内脏后洗净；红椒洗净，切碎备用。

◎将荷花雀用盐、鸡精、花雕酒拌匀，腌渍 1 小时后放入油锅中，炸至金黄色，捞出控油，撕成小块，备用；锅中留少许油，爆香姜末、蒜末、孜然、红椒，下入荷花雀炒至入味，起锅装盘，撒上葱末即可。

厨房笔记：荷花雀需要久炸，至骨头酥脆才好吃。

韭黄炒鸡蛋

原材料 韭黄150克，鸡蛋3个
调味料 盐3克，鸡精3克

制作方法
◎将韭黄洗净，切成段；鸡蛋打散，加盐调匀。
◎热锅注油，烧五成热后倒入鸡蛋液，待蛋液凝结成块时快速翻炒，炒成均匀的蛋块。
◎热锅注油，倒入韭黄，大火快炒片刻，加入鸡蛋块翻炒几下后加入盐、鸡精调味即可。

韭菜炒蛋

原材料 鸡蛋3个，韭菜200克
调味料 油15毫升，熟猪油10毫升，盐少许

制作方法
◎将韭菜洗净，切段；鸡蛋磕入碗内，加少许盐打散。
◎炒锅置火上，加入油，烧热，倒入蛋液，炒成小团块时倒出。
◎炒锅放熟猪油，烧热，下入韭菜段，用旺火速炒，加盐调味，快熟时，倒入鸡蛋，翻炒均匀即成。

尖椒芽菜炒蛋

原材料 鸡蛋4个，青尖椒50克，红尖椒50克，芽菜50克
调味料 盐5克，葱末、油各适量

制作方法
◎将青、红尖椒分别洗净，切成丁；芽菜淘洗干净，切末；鸡蛋打入碗内，加入尖椒丁、芽菜末、盐，与蛋液一起拌匀。
◎锅中注油，烧热，下拌好的鸡蛋液入锅中煎制，炒散，出锅，撒上葱末即可。

炸椒鸡蛋

原材料 炸胡椒 200 克，鸡蛋 5 个，红椒 10 克
调味料 盐 3 克，鸡精 2 克，胡椒粉 3 克，干辣椒 8 克，油适量

制作方法

◎将鸡蛋磕入碗中，加盐后搅打成蛋液；干辣椒、红椒分别洗净，切圈。
◎煎锅中下油烧热，将蛋液下入锅中煎成鸡蛋饼，盛出备用。
◎锅中下油烧热，炒香炸胡椒，再将鸡蛋饼下入锅中，加鸡精、胡椒粉炒匀入味即可。

> **厨房笔记**：炸胡椒中本身就含有盐分，此菜需注意控制分量。

蚕豆瓣炒蛋

原材料 蚕豆 80 克，木耳 30 克，鸡蛋 4 个
调味料 盐 3 克，鸡精 3 克，油适量

制作方法

◎将蚕豆去壳，分成两瓣，洗净后放入沸水锅中煮熟，捞出，沥水备用；木耳洗净，泡发至软，放入沸水锅中氽烫至熟；鸡蛋打入碗中，加盐拌匀，备用。
◎净锅上火，注油，倒入鸡蛋液炒散炒熟，加入蚕豆、木耳，加盐炒匀即可。

> **厨房笔记**：木耳泡发后，最好用开水氽烫后再炒，更容易熟。

韭菜豆芽炒蛋

原材料 韭菜 50 克，绿豆芽 100 克，胡萝卜 50 克，鸡蛋 2 个
调味料 盐、鸡精各少许，油适量

制作方法

◎将韭菜洗净，切段；绿豆芽洗净，摘去芽尖；胡萝卜洗净，切丝；鸡蛋磕入碗中，加少许盐，搅打均匀。
◎将韭菜、绿豆芽、胡萝卜分别放入沸水锅中焯水后备用。
◎锅中注油烧热，下鸡蛋液入锅炒熟后盛出；热锅重新注油，烧热后下韭菜、豆芽、胡萝卜炒熟，加入炒好的鸡蛋，烹入盐、鸡精、炒拌均匀即可。

鱼子炒鸡蛋

原材料 鱼子 300 克，鸡蛋 3 个，红椒 50 克

调味料 姜末、蒜末、葱末、盐、鸡精、香油、生抽、油各适量

制作方法

◎将鱼子洗净，去掉上面的筋膜；鸡蛋磕入碗中，加少许盐，搅打均匀；红椒洗净，切成碎粒。

◎锅中注油烧热，下姜末、蒜末、红椒粒煸香，放入鱼子炒散，盛出，备用；锅中注油，烧热后下鸡蛋液入锅，煎熟，用锅铲快速碾细，加入鱼子一起炒散拌匀，烹入盐、鸡精、香油、生抽、葱末，炒至入味即可。

> **厨房笔记**：鱼子虽然很小，但吃下去很难被消化，烧煮也很难熟透，吃了后容易消化不良而腹泻，因此不宜多吃。

西红柿炒蛋

原材料 西红柿 250 克，鸡蛋 3 个

调味料 盐 5 克，葱末少许，油适量

制作方法

◎将西红柿洗净，切成块；鸡蛋打入碗中，加少许盐打散。

◎净锅上火，注入油，烧热后下鸡蛋液炒至熟，用锅铲切成大块，盛出。

◎净锅上火，注入油，下葱末爆香，加入西红柿、盐，以中火炒上汁，加入鸡蛋，混合炒匀，出锅即可。

茄汁鸡蛋

原材料 鸡蛋 4 个，番茄汁 150 毫升

调味料 油适量，白糖少许，盐适量，葱末 5 克

制作方法

◎将鸡蛋放入碗中打散；番茄汁加少许水搅匀。

◎油锅烧热，鸡蛋液放入炒散后盛到碗里备用。

◎将锅洗净，放油烧热后下入葱末炝锅，再倒入调匀的番茄汁炒透，然后放入白糖、盐炒匀，最后放入炒好的鸡蛋拌匀即成。

菠菜鸡蛋

原材料 菠菜300克，鸡蛋3个

调味料 油适量，盐5克，鸡精3克

制作方法

◎将菠菜洗净，去黄叶和老叶，焯水后捞出。

◎鸡蛋打散，入油锅中煎至熟。

◎锅中放油，放入菠菜翻炒片刻，再加入煎好的鸡蛋，加盐、鸡精炒匀即可。

> **厨房笔记**：菠菜先焯水可将菠菜中的草酸去除。结石患者不宜吃菠菜，否则会加重病情。

苦瓜炒蛋

原材料 苦瓜1条，鸡蛋2个

调味料 油、盐各适量，鸡精3克

制作方法

◎将鸡蛋打入碗中，加入少许盐，搅打成蛋液；苦瓜洗净，切片，用盐腌渍10分钟，倒掉腌渍出的水，并挤干苦瓜上的水分。

◎净锅上火，注入油，以大火烧至五成热，倒入鸡蛋液翻炒片刻，加入苦瓜炒熟，加上鸡精炒匀即可。

鸡蛋清炒苦瓜

原材料 苦瓜300克，鸡蛋5个（取蛋清），猪瘦肉末100克，红椒30克

调味料 盐5克，生抽6毫升，鸡精3克，姜、蒜各少许，油适量

制作方法

◎将苦瓜洗净，切长条块；鸡蛋清打入碗中，加盐搅打均匀；红椒洗净，切菱形片；姜洗净，切末；蒜去皮，切末。

◎净锅上火，注油烧热，下鸡蛋清入锅炒散炒熟，装盘备用。

◎热锅注油，烧热，下姜末、蒜末爆香，加入肉末爆炒至熟，下红椒、苦瓜入锅同炒至断生，调入盐、鸡精、生抽，炒至入味，装入盛有鸡蛋清的盘中即可。

咸蛋黄玉米粒

原材料 玉米粒 300 克，熟咸鸭蛋黄 3 个，玉米淀粉 100 克

调底料 盐、油各适量，鸡精少许

制作方法

◎将玉米淀粉放入容器中，加入洗净的玉米粒，搅拌和匀；熟咸鸭蛋黄切至碎末状，待用。

◎炒锅置旺火上，注入油，烧至七成热，放入玉米粒炸约 2 分钟后捞出，控油。

◎净锅上火，注油，下入咸蛋黄、玉米粒翻炒，炒至玉米粒干香时，加入盐、鸡精翻炒均匀，起锅盛盘即可。

鹌鹑蛋烧小排

原材料 排骨 400 克，鹌鹑蛋 200 克，青椒 1 个，胡萝卜 50 克，火腿少许

调底料 姜末、蒜末、盐、鸡精、胡椒粉、生抽、油各适量

制作方法

◎将排骨斩小块，洗净后放进沸水锅中汆烫约 1 分钟，倒掉血水；鹌鹑蛋煮熟后去掉蛋壳；青椒洗净，切块；胡萝卜洗净，切片；火腿切片，备用。

◎锅中放入油，烧至六成热，下入排骨炸至金黄，捞出，沥油；鹌鹑蛋也放入油锅中，炸至金黄色，盛出备用。

◎锅中留少许底油，下姜末、蒜末、青椒爆香，放入鹌鹑蛋、排骨、胡萝卜片、火腿片，加盐、鸡精、胡椒粉、生抽，烧至入味即可。

尖椒荷包蛋

原材料 鸡蛋 3 个，红尖椒 1 个，青尖椒 3 克

调底料 油、盐、鸡精、胡椒粉、姜末、蒜末各适量，生抽少许，豆豉 5 克

制作方法

◎将青、红尖椒分别洗净，切丁，备用。

◎平底锅上火，注入油，烧热，将鸡蛋打入热油锅中，以中火煎至两面金黄，熄火，起锅，沥油，待凉后将其切片。

◎热锅注油，烧热，爆香姜末、蒜末，下青、红尖椒入锅，翻炒两分钟，加入荷包蛋片，调入盐、鸡精、豆豉、生抽、胡椒粉，炒匀入味即可。

PART 4

第四章

The Dishes Strengthening
Your Brain: Aquatic Product

聪明人的选择
——水产类

　　水产类主要是指鱼、虾、蟹、贝等，其种类繁多、味道鲜美、营养丰富，是人们非常喜爱的餐桌食品，也是浔到世界公认的优质而健康的食物。水产品含丰富的优质蛋白质、不饱和脂肪酸、无机盐和多种维生素，具有滋补强身、益气养血、醒脑明目、滋阴壮阳、润泽肌肤之功效。

　　水产类一般适合清蒸、红烧、清炖、香煎等，但是作为小炒食材，更能体验到别具一格的风味。

鱼米飘香

原材料 鱼肉400克，玉米100克，松仁100克，青豆50克，红椒1个

调味料 盐8克，鸡精、油各适量

制作方法

◎红椒洗净，去籽切丁；鱼肉洗净后切成丁；玉米和松仁洗净；青豆焯水。

◎锅里放油烧热，先将松仁、青豆放入，炒至金黄色捞起沥油。

◎再加少许油入锅，下入鱼肉丁炒至五成熟，再放入玉米、松仁、青豆和红椒丁，调入调料，炒熟即可。

白果青鱼丸

原材料 青鱼肉500克，白果50克，青菜100克，红椒片少许

调味料 盐5克，鸡精5克，水淀粉少许，油适量

制作方法

◎将青鱼肉剁成鱼蓉，再做成鱼丸，煮熟备用。

◎青菜取梗，和白果一起焯水，备用。

◎锅中下油烧热，将青鱼丸、青菜、白果下入锅中翻炒，放盐、鸡精调味，用水淀粉勾芡，出锅，再放红椒片装饰即可。

> **厨房笔记：** 鱼丸不宜做得太大，否则不易煮熟。

鲮鱼生菜

原材料 生菜300克，罐头鲮鱼肉200克，红椒5克

调味料 盐3克，鸡精2克，油适量

制作方法

◎将生菜去黄叶和老叶，洗净后撕成小朵；红椒洗净，切成丝。

◎鲮鱼肉入热油锅中翻炒，生菜、红椒入锅中稍炒，加盐、鸡精炒匀即可。

> **厨房笔记：** 鲮鱼富含丰富的蛋白质、维生素A、钙、镁、硒等营养元素，肉质细嫩，味道鲜美。

鱼

大葱爆鱼胶

原材料 大葱100克，鱼胶200克，红椒30克

调味料 盐5克，鸡精、醋、生抽、油各适量

制作方法

◎将大葱洗净，切段；鱼胶洗净，用清水泡发好；红椒洗净，切片。

◎锅中下油烧热，将大葱、红椒下入锅中翻炒至断生，再将鱼胶下入锅中爆炒2分钟，至鱼胶熟透，放入盐、鸡精、醋、生抽调味，翻炒至均匀入味即可。

韭菜炒银鱼干

原材料 银鱼干200克，韭菜200克，萝卜干100克，黄彩椒50克

调味料 盐5克，鸡精3克，生抽6毫升，油适量

制作方法

◎将银鱼干淘洗后，用清水浸泡片刻；韭菜洗净，切段；萝卜干洗净，切丝；黄彩椒洗净，切丝。

◎将韭菜、黄彩椒分别放入沸水锅中焯水，捞起待用。

◎净锅上火，注入油，烧热，下银鱼干入锅中煎炸至熟，再将韭菜、萝卜干、黄彩椒下入锅中翻炒，调入盐、鸡精、生抽，炒至入味，装盘即可。

厨房笔记： 银鱼干用清水浸泡后，可以减轻咸味，且口感更好。

银鱼虾干炒空心菜梗

原材料 银鱼干100克，干虾30克，空心菜梗150克，红椒1个

调味料 盐5克，鸡精3克，生抽6毫升，料酒8毫升，油适量

制作方法

◎将银鱼干、干虾用清水泡发，洗净，沥水备用；将空心菜梗洗净，切成段；红椒洗净，切成条状。

◎锅中下入油，烧至五成热，将银鱼干、干虾入锅中炒散，然后将空心菜梗和红椒入锅中，再放盐、鸡精、生抽、料酒，大火快炒2分钟，炒匀入味即可。

家乡河鱼干

原材料 小河鱼干 300 克，红椒 1 个

调味料 葱 30 克，姜 30 克，鸡精 3 克，白糖、料酒、生抽、盐、油各适量

制作方法

◎将小河鱼干淘洗，去尽杂质。

◎红椒洗净去籽切丝；葱洗净切葱段；姜去皮洗净切片。

◎净锅置旺火上，下油烧热，下入姜片、葱段爆香，下鱼干、红椒丝，放料酒、生抽，大火翻炒至熟，放入盐、白糖、鸡精调味，翻炒均匀即可。

青椒河鱼干

原材料 河鱼干 200 克，青椒 2 个，红椒 1 个

调味料 盐 5 克，鸡精 3 克，料酒、胡椒粉、姜末、蒜末少许，油适量

制作方法

◎河鱼干洗净；青、红椒切丝。

◎将河鱼干放入六成热的油锅中炸至金黄色。

◎锅中放油，爆香姜末、蒜末，下入河鱼干、青椒、红椒，放盐、鸡精、胡椒粉、料酒，炒至入味即可。

厨房笔记：河鱼干要入油锅中炸干水分，吃起来才香。

小炒河鱼干

原材料 河鱼干 200 克，花生米 200 克，青椒 1 个，红椒 1 个，洋葱 100 克

调味料 盐 5 克，鸡精 3 克，花雕酒、胡椒粉、姜末、油各适量

制作方法

◎将河鱼干去尽杂质；青椒、红椒、洋葱洗净后分别切成菱形片。

◎花生米入油锅中炸熟；青、红椒片、洋葱片入炒锅中翻炒，再加入小河鱼干一起翻炒，炒至将熟，倒入花雕酒，加盐、鸡精、胡椒粉即可。

湘味小鱼仔

原材料 焙干小鱼仔400克，红尖椒200克，蒜薹100克

调味料 料酒5毫升，生抽5毫升，醋15毫升，盐5克，油适量

制作方法

◎红尖椒洗净后切成圈；蒜薹洗净后切成粒状。

◎将焙干的小鱼仔去尽杂质，入油锅中稍炸，捞出沥油。

◎锅中留少许油，爆香蒜薹和红尖椒，再放入小鱼仔翻炒片刻，加料酒、生抽、醋、盐调味即可。

西芹炒鱼滑

原材料 西芹200克，鱼肉300克，鸡蛋1个，红椒1个

调味料 盐、鸡精、油各适量

制作方法

◎将西芹、红椒洗净，切成丁备用；鱼肉剁成蓉，打入一个鸡蛋，搅打成鱼滑。

◎净锅坐火上，放油，烧热，放入鱼滑，翻炒几下，再放西芹和红椒翻炒，调入盐、鸡精，炒匀即可。

芥蓝炒鱼片

原材料 鱼肉200克，芥蓝200克，小番茄20克，红椒5克

调味料 盐5克，淀粉50克，蒜5克，油适量

制作方法

◎芥蓝洗净，切成菱形块；小番茄洗净，对半切开；蒜去皮，切片；红椒洗净，切片。

◎鱼肉用盐稍腌，裹上一层淀粉，再入油锅中炸，待炸至金黄色，捞出沥油。

◎芥蓝入沸水中余熟，摆在盘中垫底；蒜和红椒放入锅中爆香；炸好的鱼块放在芥蓝上，再将番茄、蒜和红椒摆盘即可。

> **厨房笔记**：芥蓝入沸水中余熟后，捞入冷水中放凉，这样的话，芥蓝吃起来更脆、更爽口。

美极跳水鱼

原材料 乌鳢 600 克，木耳 50 克，青椒 30 克

调味料 盐 5 克，鸡精 3 克，生抽 5 毫升，醋 3 毫升，豆瓣酱 5 克，姜片 5 克，蒜末 3 克，油适量

制作方法

◎将乌鳢肉切成片，用盐、鸡精、生抽腌渍约 10 分钟；青椒洗净、切片，木耳泡发好，分别放入沸水锅中氽熟，捞出沥水。

◎净锅上火，注入油，烧至六成热，将鱼片下入锅中滑油后捞起沥油。

◎锅留少许底油，爆香姜片、蒜末、豆瓣酱，将青椒、木耳、鱼片下入锅中翻炒，烹入生抽、醋调味即可。

腐竹红烧鱼块

原材料 鱼块 300 克，香菇 200 克，腐竹 200 克

调味料 盐 5 克，淀粉 50 克，鸡精 3 克，蒜末 10 克，油适量，姜 10 克，料酒 5 毫升

制作方法

◎香菇用温水泡发后，去蒂洗净；腐竹泡发后切成段。

◎鱼块入淀粉中裹上一层，再入油锅中煎，煎至金黄色，捞出沥油。

◎净锅坐火上，放油烧热，放姜、蒜，将香菇、腐竹放入锅中翻炒，炒至将熟，加入炸好的鱼块，加料酒、盐、鸡精调味，勾入薄芡即可。

川江鲶鱼

原材料 鲶鱼肉 500 克

调味料 盐 5 克，鸡精 3 克，泡红椒 12 克，糍粑辣椒 10 克，郫县豆瓣 20 克，姜 5 克，葱 5 克，白糖 3 克，料酒 5 毫升，蒜 8 克，淀粉 10 克，油适量

制作方法

◎将鲶鱼肉切成条，用盐、料酒、鸡精腌渍；葱洗净，切花。

◎将腌渍的鱼裹上淀粉，入七成热的油锅中炸至金黄，捞起待用。

◎锅中留少许油，爆香姜、蒜、红泡椒，下鱼条，再调入其他调料，炒匀即可。

苦瓜炒火焙鱼

原材料 苦瓜200克，小鱼200克，尖椒30克

蒜片、生抽、盐、醋、花椒粉、豆豉、油
各适量

制作方法

◎将小鱼洗净沥干，热锅，加少许锅底油，将鱼头朝里整
齐地码在锅里，小火，转锅不转鱼，翻面将鱼两面焙至金黄。

◎锅内放少许油，放入蒜片炒出香味，加豆豉、尖椒炒香，
放入焙好的鱼，煸炒一会，加入用生抽、花椒粉、醋、盐
调好的汁，注入微量的清水，炒至汤汁收干即可。

干锅手撕鱼

原材料 芹菜200克，腊鱼300克，青、红椒各2个，
香菜50克

盐5克，鸡精3克，白糖3克，干辣椒5克，
料酒8毫升，姜末、蒜末、油各适量

制作方法

◎将芹菜洗净，切段；青、红椒洗净，切圈；干辣椒洗净，
切段；香菜洗净，切段；腊鱼洗净，备用。

◎将腊鱼放入蒸锅中放入姜末、料酒、白糖，以大火蒸约
10分钟，取出，略微晾凉后用手撕成小块。

◎热锅注油，爆香姜、蒜末，下入腊鱼、料酒、干辣椒、青椒、
红椒、芹菜，加盐、鸡精，翻炒均匀，煮至入味，撒上香菜，
装入干锅中即可。

> **厨房笔记**：此菜视腊鱼的咸味适当加盐，以免太咸。

荷芹炒鱼松

原材料 鲮鱼肉200克，荷兰豆150克，芹菜100克，
红椒丝5克

盐3克，鸡精1克，水淀粉、油各适量

制作方法

◎将剁碎的鲮鱼肉加盐及少许水搅成鱼松；芹菜去叶切短
段；荷兰豆去筋，洗净。

◎锅中热油，把鱼松煎成鱼饼盛出，放冷后切成小指宽的
长条。

◎净锅放油，烧热，下芹菜、荷兰豆、鱼饼、红椒丝炒匀，
加盐、鸡精炒匀，用水淀粉勾薄芡即可。

姜葱末生炒鱼肚

原材料 鱼肚 350 克，花生米 50 克，胡萝卜 30 克

调味料 姜 20 克，葱 15 克，鸡精 3 克，盐 6 克，油适量，生抽 3 毫升，料酒 3 毫升

制作方法

◎鱼肚泡发好，用水清洗干净，切成块。

◎姜去皮，洗净，切成丝；葱洗净，切成长段；胡萝卜洗净，切片。

◎炒锅置旺火上，倒入油，烧热后下入姜丝、葱段爆香，下入花生粒稍炸，倒入鱼肚和胡萝卜片，翻炒至熟，加盐、鸡精、生抽、料酒调味装盘即可。

宫爆银鳕鱼

原材料 银鳕鱼 400 克，花生米 200 克

调味料 干辣椒 5 克，花椒 3 克，盐 5 克，鸡精 3 克，生抽 5 毫升，陈醋 5 毫升，白糖 10 克，葱 30 克，淀粉 5 克，红油 20 毫升，油适量

制作方法

◎将银鳕鱼宰杀，去鳞、鳃、内脏，斩去头、尾，取鱼肉切成丁，用少许盐、淀粉拌匀，腌渍片刻；葱取葱白切丁，备用。

◎净锅上火，注入油，烧热后下花生米入油锅中炸至焦脆，捞出沥油。

◎热锅注油，烧至五成热，将银鳕鱼丁放入油锅中滑油后盛出，沥油备用。

◎锅留底油，烧热后注入红油，爆香干辣椒、花椒，放入银鳕鱼丁、花生米，调入盐、鸡精、生抽、陈醋、白糖炒匀，撒上葱丁，炒匀后起锅装盘即可。

丝瓜生鱼片

原材料 生鱼片 200 克，丝瓜 100 克

调味料 盐 4 克，鸡精 2 克，姜片少许，葱末、蒜末、油各适量，料酒 10 毫升

制作方法

◎丝瓜去皮切成滚刀状，用开水焯一下。

◎生鱼片用盐、鸡精腌渍 30 分钟。

◎油锅放入姜片、葱末、蒜末爆香，放入生鱼片轻轻翻炒至半熟时，加入料酒，再倒入丝瓜，翻炒至熟，放盐、鸡精调味即可起锅。

方鱼炒潮汕芥蓝苗

原材料 方鱼肉200克，芥蓝500克

调味料 蒜2瓣，盐、白糖各5克，油适量

制作方法

◎将蒜洗净拍碎，切成末；方鱼起肉，切成小块，加入盐拌匀，放入热油中炸至金黄色，捞起沥干油备用。

◎芥蓝洗净切段，放入热开水中，加入盐、白糖焯软，沥干待用。

◎锅洗净放油烧热，将芥蓝及蒜末放入略爆，再加入鱼块炒匀即可上碟。

辣子带鱼

原材料 带鱼中段400克，鸡蛋1个，红尖椒20克，熟白芝麻少许

调味料 姜末5克，葱末4克，鸡精3克，盐5克，白糖3克，醋5毫升，料酒4毫升，豆瓣酱15克，油适量

制作方法

◎将带鱼段洗净，斩成块，用少许盐和料酒腌渍片刻；鸡蛋打入碗中，拌匀；逐块将带鱼放入碗中，均匀地裹上蛋液；红尖椒洗净，切段。

◎净锅上火，注入油，烧至七成热，下入带鱼、炸至鱼肉色泽金黄，捞出，沥油备用。

◎锅留底油，下入姜末、红尖椒、豆瓣酱爆香，放入带鱼，调入鸡精、盐、白糖、醋，翻炒至熟，盛出撒上葱末、熟白芝麻即可。

澳门咸鱼炒菜心

原材料 菜心300克，咸鲛鱼100克，蒜2瓣，红椒1只

调味料 蚝油15毫升，胡椒粉少许，油适量

制作方法

◎菜心洗净，切成段，浸水中；咸鲛鱼洗净，切小块，入油锅炸香；蒜剁成末；红椒切片。

◎热锅下油烧热，下蒜末爆香，倒入菜心和炸咸鱼翻炒数下，加入胡椒粉、蚝油，放入红椒片炒熟即可。

厨房笔记 咸鲛鱼须油炸后烹制。

爆炒鱼肚

原材料 鱼肚 400 克，红尖椒 200 克，韭菜 20 克

调味料 盐 5 克，料酒 10 毫升，姜 50 克，高汤、葱、油适量

制作方法

◎将鱼肚泡发好，切小块；韭菜洗净后切成段；红尖椒洗净后切成段；姜洗净后切成姜丝。

◎将切好的尖椒、韭菜入油锅中爆炒。

◎将鱼肚先爆炒后用高汤、姜、葱煮至入味。

◎锅内注入油烧至四成热，加入炒好的尖椒、韭菜，与鱼肚同烩，加入盐、料酒即成。

> **厨房笔记**：鱼肚在食用前，必须提前泡发，其方法有油发和水法两种，质厚的鱼肚两种发法皆可，而质薄的鱼肚，水发易烂，还是采用油发较好。

干锅鱼子

原材料 鱼子 200 克，红椒 2 个，芹菜 30 克

调味料 盐 5 克，鸡精 3 克，干辣椒 15 克，紫苏 15 克，红油 10 毫升，蒜瓣 50 克，葱段 30 克，油适量

制作方法

◎蒜去皮，洗净；红椒洗净，切段；芹菜洗净，切段；紫苏洗净。

◎鱼子入沸水中汆烫后捞出待用。

◎锅中放油，下入蒜瓣、干辣椒、紫苏、鱼子，翻炒片刻，再下入红椒、盐、鸡精、红油炒匀，装入干锅，撒上葱段、芹菜段即可。

干锅鱼子鱼鳔

原材料 鱼子 200 克，鱼鳔 200 克，红椒 2 个

调味料 盐 5 克，鸡精 3 克，剁椒 15 克，紫苏 15 克，红油 10 毫升，葱段 30 克，蒜 50 克，油适量

制作方法

◎鱼鳔洗净；蒜去皮；红椒切段；紫苏洗净。

◎鱼鳔、鱼子入沸水中汆烫后捞出待用。

◎锅中放油，下入蒜、剁椒、紫苏、鱼子、鱼鳔，翻炒片刻，再下入红椒、盐、鸡精、红油炒匀，装入干锅，撒上葱段即可。

> **厨房笔记**：鱼鳔用刀划破，防止爆油。

虾、蟹

湘式脆皮虾

原材料 基围虾 500 克

调味料 盐 5 克，鸡精 3 克，料酒 5 毫升，姜末、蒜末、葱段、油、生抽各适量，干红椒 50 克

制作方法

◎将基围虾剪去须、泥肠，洗净，沥干水分，放入热油锅中炸成红色，盛出。

◎锅留底油，爆香姜末、蒜末、干红椒，下基围虾炒香，烹入料酒、生抽、盐、鸡精炒至入味，撒上葱段，出锅装盘即可。

> **厨房笔记**：基围虾入油锅中应炸得干一点，吃起来才比较香。

椒盐大虾

原材料 鲜虾 500 克，青椒 1 个，红椒 1 个

调味料 淮盐 15 克，蒜末、姜末各适量，油 1000 毫升

制作方法

◎将鲜虾用水洗净，剪去虾须、虾枪，晾干；青、红椒分别洗净，切丁备用。

◎炒锅置旺火上，烧热，注入油，烧至五成热，下鲜虾炸至八成熟，捞起沥油。

◎锅留底油，加入蒜末、姜末、淮盐、青椒丁、红椒丁，翻炒均匀，放入炸过的虾略炒片刻，盛出装盘即可。

鸳鸯大虾

原材料 荷兰豆 200 克，虾 400 克

调味料 生抽 3 毫升，淀粉 10 克，椒盐 10 克，盐少许，油适量

制作方法

◎荷兰豆去筋，洗净；虾去头，去泥肠洗净，一分为二，其中一份用盐和生抽腌渍 15 分钟，裹上淀粉，另一份待用。

◎烧热油，下入裹好淀粉的虾子翻炒至金黄色，捞出。

◎放油，烧热后下入另一半虾和椒盐，翻炒至熟，出锅。

◎净后放少许油，倒入洗好的荷兰豆，翻炒后加盐，装盘，再将做好的虾分别摆盘即可。

辣子虾

原材料 鲜虾 300 克

调味料 花椒 20 克，白糖、料酒、姜末、胡椒、油各适量，干辣椒 300 克

制作方法

◎将虾的后背剪开，取出泥肠，洗净，沥水；干辣椒洗净，切段。

◎锅中放油，将虾下入锅中炸干水分，捞起沥油。

◎锅中留少许底油，下入干辣椒、花椒炒香，再把虾下入锅中，放料酒、姜末、白糖、胡椒，炒至入味即可。

美味茶香虾

原材料 鲜虾 500 克，铁观音 50 克

调味料 蒜 6 瓣，葱 1 根，盐、料酒、鸡精、油各适量

制作方法

◎铁观音用沸水泡 15 分钟，水和茶叶分离，茶叶沥干水分备用；葱、蒜切末。

◎虾洗净，剪去虾须和虾枪，去泥肠，放泡过茶叶的水中加一勺料酒腌渍 20 分钟，捞起沥干水分。

◎锅里多放些油，油热后放入虾炸至虾皮变脆呈金黄色，捞出备用。

◎锅里留少许油，放入茶叶中火炒几分钟，炒至变焦盛出备用。

◎锅里加少许油，倒入虾和茶叶，加盐、鸡精炒匀，撒上葱末即可。

龙井虾仁

原材料 大河虾 500 克，龙井新茶少许，鸡蛋 1 个（只取蛋清），黄瓜片适量

调味料 盐 3 克，鸡精 3 克，淀粉 40 克，料酒、熟猪油、油各适量

制作方法

◎将虾去壳，挤出虾仁，洗净后沥干水分，放入碗内，加盐、鸡精和蛋清，用筷子搅拌至有黏性时，放入淀粉拌和上浆。

◎取茶杯一个，放上茶叶，用沸水泡开（不要加盖）待用。

◎炒锅上火，用油滑锅后，下熟猪油，烧至四五成热，放入虾仁，并迅速用筷子拨散，约 15 秒钟后取出，倒入漏勺沥油。

◎炒锅内留少许油，将虾仁倒入锅中，并迅速倒入茶叶和少许茶汁，烹料酒，加盐和鸡精，翻炒几下，倒入铺有黄瓜的盘中即可。

椒盐拉尿虾

原材料 拉尿虾300克，葱1根

调味料 生抽5毫升，糖3克，盐3克，鸡精2克，蒜5克，椒盐、油各适量

制作方法

◎ 先把活虾清洗干净，剪去头部、尾部的钳子（以防吃时划破嘴或手）；蒜剁碎备用。

◎ 另起锅，放入适量油，当油烧至八成热的时候，把虾入锅，等到虾呈现外脆内嫩的状态，表皮呈红白色时，便可起锅。

◎ 锅里倒入底油，放入蒜炒香，然后把炸好的虾再放入锅中，同时撒上椒盐、糖、鸡精、生抽，翻炒几下，即可出锅装盘，最后切一些葱末撒在虾身上即可。

韭菜花炒河虾

原材料 韭菜花300克，河虾200克，红椒10克

调味料 盐4克，鸡精3克，料酒少许，油适量

制作方法

◎ 将河虾剪去尖头和粗脚，洗净；韭菜花洗净，切成段；红椒洗净，切成丝。

◎ 净锅上火，下油烧热，加入河虾大火翻炒，并倒入料酒，翻炒至虾身变红，盛出。

◎ 锅内注油，加红椒丝、韭菜花爆炒1分钟后倒入河虾一起翻炒，炒至将熟，加盐、鸡精调味即可。

炒野生河虾

原材料 野生河虾200克，青蒜50克，豆芽20克

调味料 盐5克，料酒10毫升，白糖3克，葱20克，香油少许，油适量

制作方法

◎ 将河虾洗净，去泥沙；青蒜洗净，去黄叶，切成段；葱洗净后切段；豆芽入水中漂洗净后摘去根。

◎ 净锅坐火上，放油烧热，洗好控干水分的小河虾倒入锅中，先加适量盐，再倒入料酒炒。

◎ 锅内加入青蒜、葱段、豆芽，撒点白糖，快速翻炒，炒到料酒基本被虾吸收进去，虾表皮见干，淋两滴香油即可出锅。

厨房笔记： 时间不要炒得太长，不然虾肉就不鲜了。

虾仁炒丝瓜

原材料 丝瓜200克，虾仁100克，胡萝卜片少许，鸡蛋2个

调味料 姜末5克，蒜末5克，料酒10毫升，盐5克，鸡精4克，小苏打、油各适量

制作方法

◎将鸡蛋放入锅中，注入适量清水，煮熟，冷却后去壳，切成瓣状，掏去蛋黄，只留蛋白备用；虾仁洗净，用少许小苏打抓匀，腌渍片刻，加入盐、料酒，拌匀后淋入油，覆上保鲜膜，放入冰箱腌渍2小时；丝瓜洗净，去皮，切成长条块。

◎净锅注油，下姜末、蒜末爆香，倒入虾仁迅速翻炒，至虾仁变色后迅速起锅。

◎热锅注油，烧热，下丝瓜炒至变色，烹入少许盐，加入虾仁、胡萝卜片、蛋白、调入鸡精，迅速炒匀后即可起锅装盘。

芒果炒虾球

原材料 芒果100克，虾仁150克，红椒1个，青椒1个，鸡蛋1个（只取蛋清）

调味料 白糖5克，料酒5毫升，淀粉5克，鸡精3克，姜、蒜末各10克，盐、油各适量

制作方法

◎将虾仁洗净，拍上少许淀粉，用盐、料酒、鸡蛋清腌渍备用。

◎芒果洗净，取其肉切成条；青椒、红椒洗净，切丝。

◎锅置旺火上，下油烧热，炒香姜、蒜末，将青椒、红椒、芒果、虾仁下入锅中翻炒几下，再下白糖、鸡精、盐调味即成。

河虾韭菜花炒珍菌

原材料 河虾300克，韭菜花150克，茶树菇150克，红椒2个

调味料 蒜10克，子姜8克，盐5克，料酒5毫升，生抽20毫升，白糖、油各适量

制作方法

◎河虾洗净；韭菜花洗净切段；茶树菇洗净切段；蒜去皮洗净切末；红椒洗净切片。

◎净锅至旺火上，下油烧热，倒入子姜、蒜末爆香，下入河虾、韭菜薹、茶树菇段、红椒片，翻炒均匀，放入生抽、料酒、盐、白糖炒熟装盘即可。

西蓝花炒虾仁

原材料 西蓝花400克，虾仁60克

盐3克，鸡精少许，料酒、姜片、油各适量

制作方法

◎西蓝花洗净切小朵，虾仁洗净后拌姜片、料酒去腥。

◎锅中放油烧热，先炒熟虾仁起锅备用。

◎利用炒锅剩余的油焖一下西蓝花，当西蓝花快熟时倒入虾仁，拌入盐、鸡精炒匀并调味，出锅即可。

百合炒虾仁

原材料 百合200克，虾仁200克，西芹50克，红椒1个，黄彩椒1个，鸡蛋1个（取蛋清）

小苏打2克，盐5克，鸡精3克，生抽5毫升，水淀粉少许，油适量

制作方法

◎将鲜百合洗净，放入沸水中焯熟待用；红椒、黄彩椒分别洗净，切菱形片；西芹洗净，切菱形片。

◎将虾仁洗净，控干水分，用蛋清、小苏打、盐、鸡精、水淀粉拌匀，覆上保鲜膜，放入冰箱腌渍约30分钟。

◎净锅注油，烧热，下红椒、黄彩椒、百合、芹菜、虾仁同炒，烹入盐、鸡精、生抽调味，用水淀粉勾芡，大火收汁，出锅即可。

芙蓉虾仁

原材料 虾仁250克，鸡蛋2个（取蛋清），青豆20克，玉米粒20克，红椒1个

盐5克，鸡精5克，水淀粉25毫升，淀粉5克，香油5毫升，凉鸡汤150毫升，油适量

制作方法

◎将虾仁洗净，沥干水分，用少许鸡蛋清、盐、淀粉混合拌匀，上浆腌渍片刻；玉米、青豆分别洗净，放入沸水锅中余烫至熟；红椒洗净，切成小丁；将余下的鸡蛋清、盐、鸡精、凉鸡汤、水淀粉、香油拌匀，制成调料汁，待用。

◎炒锅烧热，注入油，烧至五成热，放入虾仁炒至五成熟，加入红椒丁、青豆、玉米，炒至虾仁八成熟，盛出，沥油。

◎锅中注油，烧热，倒入蛋清糊，用文火推炒，待蛋清凝固时，倒入虾仁、青豆、红椒丁、玉米，烹入调料汁，煸炒均匀即可出锅。

荷兰豆炒虾仁

原材料 虾仁 200 克，荷兰豆 200 克，鱼丸 50 克，青、红椒各 10 克

盐 5 克，料酒 5 毫升，油适量

制作方法

◎虾仁洗净控干水分，用料酒和盐腌渍入味。

◎荷兰豆去筋，洗净控干待用；鱼丸切成块；青、红椒切块。

◎冷锅注油放入鱼丸，青、红椒，微火煸出香味后加入少量水继续翻炒。

◎加入虾仁炒至五成熟，倒入荷兰豆，加盐、料酒，翻炒均匀后即可出锅装盘。

豉油皇炒河虾

原材料 河虾 500 克，红椒 1 个，豆豉 30 克

白糖 3 克，油、葱末、姜末、生抽各适量

制作方法

◎将河虾头上的硬壳去掉，洗净备用；红椒洗净，切粒。

◎锅中下油烧热，将河虾下入锅中，炸酥后捞起沥油。

◎锅中留少许底油，下红椒、豆豉、葱末、姜末炒香，再下入河虾，调入白糖、生抽，炒至入味即可。

香辣蟹

原材料 肉蟹 500 克，芹菜 50 克

盐 5 克，鸡精 5 克，蒜 5 克，姜 10 克，料酒 10 毫升，干辣椒 200 克，油、高汤各适量

制作方法

◎将肉蟹斩成块；干辣椒切成段；芹菜洗净，切段；蒜去皮，切片；姜洗净，切片。

◎锅置火上，放油烧至七成热，放肉蟹块炸至红色后，捞出控油。

◎锅留底油，烧热，下蒜片、姜片、干辣椒入锅炒香，加入少许高汤、肉蟹，加盐、鸡精、料酒，炒至入味，加入芹菜炒匀，装盘即可。

> **厨房笔记**：肉蟹入油锅前，可裹上适量的淀粉，以免营养流失。宰蟹之前，最好先让螃蟹喝点烈酒。螃蟹被灌醉后，肉质带点酒香，宰时也较容易处理。

避风塘炒蟹

原材料 海蟹2只，红椒2个，青蒜2根

调味料 蒜末、盐、白糖、鸡精、淀粉、油各适量

制作方法

◎将海蟹洗净，剁成块，裹上少量淀粉；红椒切成菱形块；青蒜洗净切段。

◎炒锅倒油烧热，放入蟹块、蒜末炸至金黄色一起捞出控油。

◎锅内留底油，放入红椒、蒜末，加盐、白糖（盐、白糖的比例为1：5）、鸡精，放入蟹块翻炒熟即可。

> **厨房笔记**：海蟹味道鲜美，因此先加鸡精再加蟹。

姜葱肉蟹

原材料 肉蟹500克

调味料 料酒30毫升，盐5克，生抽15毫升，姜15克，大葱12克，小葱30克，白胡椒粉3克

制作方法

◎肉蟹宰杀洗净；姜去皮，切片；蒜去皮，切片。

◎中火加热锅中的油，待烧至八成热时将肉蟹下锅炸至红透，然后捞出沥干油分。

◎锅中留底油，烧热后将姜片和葱段爆香，再将肉蟹放入，大火快速翻炒，加料酒、盐、生抽和白胡椒粉爆炒片刻即可。

蛋黄玉米蟹

原材料 玉米粒200克，肉蟹2只，咸鸭蛋2个（取蛋黄）

调味料 盐5克，鸡精6克，淀粉、油各适量

制作方法

◎将肉蟹洗净，斩块，放入油锅中过油；咸蛋黄切碎。

◎将玉米粒和咸蛋黄用少许淀粉拌匀，放入油锅中炸至金黄色。

◎锅留底油，烧热，下入肉蟹、玉米粒、咸蛋黄，加盐、鸡精炒匀入味，出锅即可。

> **厨房笔记**：肉蟹入油锅中炸时，适量裹一层淀粉，可以避免营养流失。

泡椒牛蛙

原材料 牛蛙 500 克，红泡椒 200 克

调味料 辣椒酱 20 克，鸡精 5 克，胡椒粉 3 克，姜片 10 克，葱 8 克，蒜 10 克，盐 5 克，料酒 10 毫升，红油 10 毫升，香油 10 毫升，生抽、油、水淀粉各适量

制作方法

◎将牛蛙洗净，斩成小块后沥干水分，用盐、料酒腌渍 10 分钟；蒜去皮，切片；葱洗净，切段。
◎热锅注油，烧至九成热，下牛蛙块过油后捞出。
◎锅底留少许油，下入泡椒、辣椒酱、蒜片、姜片、葱段炒香，加少量水，再翻炒 2 分钟左右，倒入牛蛙，以旺火翻炒，调入红油、鸡精、胡椒粉、生抽，水淀粉勾芡，淋上香油即可。

姜葱石蛙

原材料 石蛙 400 克，青椒 20 克，红椒 20 克

调味料 蒜片 4 克，姜末 10 克，葱白 5 克，料酒 30 毫升，鸡精 3 克，盐 6 克，油适量

制作方法

◎将石蛙宰杀去皮洗净，剁成块状，用料酒、姜末、鸡精、蒜片、盐拌匀，腌渍 40 分钟。
◎葱白洗净，切丝；红椒和青椒分别洗净去籽，切菱形块。
◎净锅至旺火上，下油烧至七成热，放入姜末、蒜片、葱丝爆香，下入石蛙块及青、红辣椒块爆炒至熟，加盐、鸡精调味即可。

腰豆滑牛蛙

原材料 腰豆 200 克，牛蛙 200 克，南瓜 300 克，胡萝卜少许

调味料 姜末、蒜末各 5 克，盐 5 克，鸡精 3 克，胡椒粉 3 克，生抽 5 毫升，油适量

制作方法

◎将腰豆洗净；牛蛙洗干净；南瓜洗净，雕成南瓜盘；胡萝卜雕刻成蝴蝶形，切片备用。
◎将腰豆放入沸水锅中煮熟，捞出；牛蛙放入热油锅中滑一下油，捞出待用。
◎锅留少许底油，下姜末、蒜末爆香，将腰豆、牛蛙、胡萝卜下入锅中翻炒，再加盐、鸡精、胡椒粉、生抽调味，盛起放入南瓜盘中即可。

椒盐牛蛙

原材料 牛蛙200克，麻花200克，锅巴300克，红椒碎少许

油、生抽、料酒、鸡精、白糖、香油、花椒粉、胡椒粉、葱末、淀粉、姜末各适量

制作方法

◎将牛蛙腿放在碗里，并加生抽、淀粉、料酒、姜末拌匀腌渍15分钟。

◎炒锅上火，倒入油，烧至八成热，将牛蛙腿投入油锅内炸成金黄色，倒出滤油。

◎锅底留油，放入葱末、红椒碎、姜末、料酒、生抽、白糖、鸡精、花椒粉、胡椒粉，倒入牛蛙腿、麻花翻炒几下，淋上香油即可出锅，装入铺有锅巴的盘中即可。

香辣牛蛙

原材料 牛蛙300克，洋葱50克，红椒10克

盐4克，料酒10毫升，葱10克，面粉、淀粉少许，油适量

制作方法

◎将牛蛙洗净后斩块，再用盐、淀粉、料酒稍稍腌一下，放点淀粉抓匀，腌渍10分钟，然后放入面粉中裹一层面粉，下入油锅中炸酥，盛出备用。

◎将洋葱洗净，切片；红椒洗净，切片；葱洗净，切段。

◎锅留底油，下洋葱、红椒煸炒出香，倒入牛蛙，翻炒均匀，撒上葱段装盘即可。

农家小炒鳝鱼

原材料 鳝鱼500克，红椒1个，青蒜20克

盐8克，料酒5克，鸡精3克，葱30克，白糖3克，淀粉、姜末、生抽、醋、油各适量

制作方法

◎将鳝鱼洗净，切片，用盐、料酒、淀粉拌匀，腌渍；红椒洗净，切丝；葱、青蒜洗净，切段。

◎锅中下油，烧至五成热，将鳝鱼下入锅中过油，再捞起沥油。

◎锅中留少许底油，烧热，炒香姜末、青蒜、红椒，再将鳝鱼下入锅中，爆炒2分钟，调入盐、生抽、醋、白糖、鸡精，淋上醋、生抽即可。

爆炒血鳝

原材料 鳝鱼肉 500 克，青、红椒各半个

调味料 盐 5 克，蒜瓣 75 克，豆瓣 40 克，生抽 15 毫升，料酒 10 毫升，葱段 10 克，姜片 10 克，鸡精 3 克，高汤 400 毫升，干辣椒 10 克，水淀粉、油各适量

制作方法
◎将鳝鱼洗净，切成段；豆瓣剁细；青、红椒洗净，切丝；干辣椒切碎备用。
◎炒锅置旺火上，放油烧至七成热，放入鳝鱼炒至断生，捞出。
◎另起锅，加油烧热，下干辣椒碎、豆瓣、姜片、葱段、蒜瓣炒香，至油呈红色时，加入鳝鱼，青、红辣椒丝，注入高汤、料酒、生抽、盐，至鳝鱼软熟，加入鸡精、水淀粉，待收汁后起锅装盘即成。

青椒炒鳝鱼

原材料 鳝鱼肉 500 克，青椒 50 克，青蒜 20 克

调味料 盐 8 克，料酒 5 毫升，鸡精 3 克，葱 30 克，淀粉、姜末、油各适量

制作方法
◎将鳝鱼切片，用盐、料酒、淀粉拌匀，腌渍；青椒洗净，切丝；葱、青蒜洗净，切段。
◎锅中下油，烧至五成热，将鳝鱼下入锅中滑油，再捞起沥油。
◎锅中留少许底油，烧热，炒香姜末、青蒜段、青椒，再将鳝鱼下入锅中，爆炒 2 分钟，加入盐、鸡精炒匀即可。

香菜炒黄鳝

原材料 鳝鱼 150 克，青椒 50 克，红椒 50 克，香菜 25 克，熟白芝麻少许

调味料 盐 4 克，OK 汁、鸡精、香油、油各适量

制作方法
◎鳝鱼切成丝，入沸水中氽烫。
◎香菜洗净，去根切段；青椒、红椒洗净，切成菱形块。
◎净锅坐火上，放油烧热后加鳝丝、青椒、红椒翻炒，稍炒一会后加入所有调味料调味，炒熟后撒上香菜盛起，最后撒上熟白芝麻即可。

红椒鳝丝

原材料 鳝鱼肉 300 克，红椒 2 个，洋葱 50 克

调味料 料酒 8 毫升，胡椒粉 3 克，盐、鸡精、生抽、油各适量，姜、蒜末少许

制作方法

◎将鳝鱼肉切成丝，用盐、料酒腌渍备用；红椒、洋葱分别洗净，切丝。

◎锅中下油，烧至五成热，将鳝鱼丝下入锅中滑油，再捞起沥油。

◎锅中留少许底油，烧热，爆香姜、蒜末，将洋葱、红椒丝下入锅中炒至五成熟，再加入鳝鱼丝，爆炒 2 分钟，再下入胡椒粉、鸡精、盐、生抽调味，翻炒匀即可。

盘龙鳝

原材料 鳝鱼肉 300 克，蒜薹 20 克，紫苏 20 克

调味料 盐 6 克，鸡精 3 克，油 20 毫升，孜然粉 10 克，香油 5 毫升，干椒粉 6 克，干辣椒 10 克，姜末 5 克，蒜末 6 克

制作方法

◎将鳝鱼用清水洗净，再置于热油中炸至外焦内嫩。

◎蒜薹洗净，切小段；干辣椒切段；紫苏洗净，切成末。

◎净锅上火，加入油烧热，下姜末、蒜末、干辣椒段爆香，加入炸好的鳝鱼、紫苏、蒜薹翻炒，调入盐、鸡精、孜然粉、干椒粉炒匀，淋上香油即成。

美味小炒皇

原材料 鲜鱿鱼 50 克，鳝鱼肉 50 克，香干 30 克，红椒 1 只，韭菜花 10 克

调味料 油 20 毫升，盐 10 克，鸡精 8 克，蚝油 5 毫升，香油 5 毫升，姜 1 块，水淀粉适量，胡椒粉少许

制作方法

◎鲜鱿鱼、鳝鱼肉、香干、红椒、姜全部洗净切丝；韭菜花切段。

◎烧锅下油，放入姜丝、鲜鱿鱼、鳝鱼肉、香干、韭菜花、红椒丝，加盐炒至出味。

◎调入鸡精、胡椒粉、蚝油，用大火炒，再用水淀粉勾芡，淋入香油，翻炒几下即可出锅。

淮安软兜

原材料 熟黄鳝脊背肉 400 克

调味料 生抽 25 毫升，油 100 毫升，蒜末 15 克，料酒 10 毫升，醋 3 毫升，胡椒粉 3 克，水淀粉 10 毫升，白糖 3 克

制作方法

◎取小碗一只，加入生抽、料酒、醋、白糖、水淀粉等调匀成味汁。

◎将鳝鱼脊背肉洗净，装入漏勺中，放入沸水锅中略烫一下，捞出沥水。

◎炒锅上火，烧热，放入油烧热，加入蒜末稍煸，倒入烫好的鳝鱼肉，翻炒均匀，烹入调好的味汁，轻轻翻炒均匀，再淋入少许油，起锅装盘，撒上胡椒粉即成。

干煸泥鳅

原材料 泥鳅 250 克，青椒 1 个

调味料 鸡精、盐、花椒、豆瓣酱、油各适量，干红椒 50 克，姜 5 克，蒜末 5 克

制作方法

◎泥鳅放入清水中，滴几滴油，待泥鳅吐尽污物，捞出；青椒洗净，切块；干红椒洗净，切段；姜洗净，切丝。

◎锅中下油，烧至六成热，将泥鳅滑油后捞出沥油。

◎锅内留少许底油，下入干红椒段、姜丝、蒜末、豆瓣酱、花椒炒香，放入泥鳅，再下盐、鸡精，炒匀入味即可。

芥蓝炒螺片

原材料 芥蓝 300 克，螺肉 200 克，红椒片、胡萝卜片各少许

调味料 盐 5 克，鸡精 3 克，生抽 6 毫升，胡椒粉 3 克，淀粉、油各适量

制作方法

◎将螺肉洗净，切成薄片，用生抽、淀粉、胡椒粉拌匀腌渍片刻；芥蓝洗净，切段，每段两端分别划十字刀，放入沸水锅中焯烫成卷状，捞出，沥水待用；红椒片、胡萝卜片分别放入沸水锅中余烫片刻，捞出，备用。

◎净锅注油，烧至六成热，下螺片入锅中滑油，捞出。

◎锅中留少许底油，烧热，下芥蓝、红椒、胡萝卜片入锅中略炒，加入螺肉翻炒至熟，烹入盐、鸡精调味即可。

虫草花炒螺片

原材料 虫草花200克，海螺肉250克，芹菜少许，红椒1个

盐5克，鸡精4克，姜丝、蒜末、醋、油各适量，料酒10毫升，香油3毫升

制作方法

◎将海螺肉取出，用醋搓洗干净，切成薄片；虫草花放入清水中清洗干净，捞出沥水备用。

◎净锅注水，烧沸，放入螺片氽水，捞出；芹菜洗净，切段；红椒洗净，切丝。

◎锅中放油烧热，下姜丝、蒜末入锅爆香，再放入料酒、螺片和虫草花略炒，加芹菜、红椒丝，调入盐、鸡精，淋入香油，炒匀装盘即可。

紫苏田螺肉

原材料 鲜紫苏80克，田螺肉300克，酸菜50克

盐8克，鸡精5克，油适量，香油5毫升，姜15克，朝天椒20克

制作方法

◎将田螺肉洗净，放入沸水锅中氽烫至熟；酸菜洗净，挤干水分，切碎；朝天椒洗净，切圈；姜洗净，切末；紫苏洗净切碎，备用。

◎热锅注油，烧热，下姜末、朝天椒、紫苏、酸菜炒香，加入田螺肉，调入盐、鸡精爆炒2分钟，淋上香油即可。

西蓝花炒带子

原材料 带子(去壳)200克，冬菇3朵，西蓝花300克，胡萝卜片少许

姜汁、料酒、蚝油、淀粉、盐各适量，葱20克，姜片5克，胡椒粉少许

制作方法

◎将带子洗净，加姜汁、料酒、蚝油、淀粉拌匀，腌渍备用。

◎将冬菇浸软，去蒂，隔水蒸熟；西蓝花洗净切小朵，放滚水内煮至断生，捞出沥干水分，再用油、盐炒熟，去汁待用；葱洗净，切段。

◎热锅注油，烧热后爆香葱段、姜片，下带子翻炒片刻，加入冬菇炒匀，翻炒几分钟后，放入西蓝花、胡萝卜片，炒匀后勾芡，撒上胡椒粉即成。

苹果雪梨炒带子

原材料 苹果1个，雪梨1个，带子300克，青椒30克，鸡蛋1个（取蛋清）

调味料 盐8克，鸡精3克，料酒8毫升，白酒15毫升，海鲜素6克，姜、蒜末、淀粉各少许，油适量

制作方法
◎苹果、雪梨洗净，去皮，去核，切成小块；青椒洗净，切片。
◎带子加白酒、盐、海鲜素、料酒、鸡蛋清及淀粉，腌渍入味。
◎锅中下油烧热，炒香姜、蒜末，将带子下入锅中翻炒至变色，再下入苹果、雪梨块，翻炒2分钟，下盐、鸡精调味即可。

> **厨房笔记：**腌带子时用少许鸡蛋清和淀粉，是为了炒制时减少营养流失。

莲藕炒蚬子

原材料 鲜活蚬子500克，莲藕300克，红椒1个

调味料 盐4克，姜丝、蒜末、鲜花椒、白糖、油各适量

制作方法
◎将鲜活蚬子放入清水中，待其吐尽泥沙，去壳取肉；莲藕洗净后切成粒状；红椒洗净，切块。
◎热锅热油，爆香姜丝、蒜末、红椒块、鲜花椒、白糖，放入蚬子大火迅速翻炒。
◎下莲藕粒翻炒，炒至将熟时，加盐调味即可。

椰香木瓜炒蚬子

原材料 木瓜100克，蚬子50克，椰丝10克

调味料 盐5克，罗勒、油各适量，料酒10毫升

制作方法
◎木瓜洗净，去皮去瓤后切成块；罗勒洗净。
◎蚬子放入清水中，待其吐尽泥沙后入油锅内，加罗勒大火快炒。
◎炒至将熟时，加料酒和盐，再加入椰丝、木瓜块一起翻炒至熟。

泡椒海参

原材料 海参 300 克

调味料 姜 10 克，泡椒 200 克，料酒 5 毫升，白糖、盐、鸡精、葱段、蒜、油各适量

制作方法

◎鲜海参泡发好后，反复冲洗，用开水汆烫；姜、蒜洗净，切末。

◎净锅倒油烧热后，大火将姜、蒜和泡椒爆香。

◎把海参倒入锅中，下葱段，加料酒、白糖、鸡精、盐，中火翻炒几分钟即可出锅。

葱椒八爪鱼

原材料 八爪鱼 200 克，青椒 20 克，洋葱 30 克

调味料 盐 5 克，鸡精 3 克，料酒 6 毫升，生抽 6 毫升，醋 8 毫升，姜末、蒜末、辣椒酱、油各适量

制作方法

◎将八爪鱼洗净，放入容器中，烹入料酒、生抽、醋，撒少许盐，腌渍 15 分钟；青椒洗净，切片；洋葱洗净，切片。

◎热锅注油，烧热，倒入姜末、蒜末、洋葱、青椒爆香，下入腌好的八爪鱼翻炒至熟，调入盐、鸡精、辣椒酱，大火翻炒至八爪鱼熟，出锅装盘即可。

姜葱八爪鱼

原材料 生鲜八爪鱼 300 克，平菇 50 克，碎红椒少许

调味料 葱、姜、蒜、油各适量，料酒 10 毫升，生抽 10 毫升，盐 4 克

制作方法

◎将八爪鱼去墨囊洗净切块，用盐腌 30 分钟，再洗干净挤压水分后晾干；平菇洗净，撕小块；姜洗净，切长条块；葱洗净，切段。

◎炒锅上火，注油，烧热，放入蒜、葱段、姜块、红椒碎爆香，下平菇，调入盐、生抽和料酒略炒，加入八爪鱼翻炒至熟，即可起锅。

厨房笔记： 章鱼嘴和眼里均是沙子，吃时须挤出；章鱼肉嫩无骨刺，凉性大，吃时一定要加姜。

干炒鱿鱼丝

原材料 鱿鱼 300 克，红椒 1 个

调味料 盐 5 克，鸡精 3 克，生抽、醋各少许，油适量，葱 50 克

制作方法

◎将鱿鱼洗净，切丝；红椒、葱洗净，切丝。

◎锅中下油，烧热，将鱿鱼丝下入锅中爆炒 2 分钟，再下红椒、葱丝，调入盐、鸡精、生抽、醋，翻炒至入味即可。

> **厨房笔记**：食用新鲜鱿鱼时一定要去除内脏，因为其内脏中含有大量的胆固醇，不利健康。

干煸鱿鱼肉丝

原材料 干鱿鱼 2 条，里脊肉 150 克，红椒 1 个

调味料 盐 5 克，鸡精 3 克，胡椒粉 2 克，香油 10 毫升，姜 10 克，葱 8 克，油适量

制作方法

◎将干鱿鱼用温水泡发，洗净，切成丝；里脊肉切丝；红椒、姜洗净，切丝。

◎锅中下油烧热，下入鱿鱼丝煸熟备用。

◎锅中留少许底油，将里脊肉炸熟，再下入煸好的鱿鱼丝、红椒丝、姜丝，下调味料炒匀即可。

炒鱿鱼须

原材料 鱿鱼须 200 克，朝天椒 100 克

调味料 盐 2 克，鸡精 5 克，孜然粉 5 克，老抽 2 克，香油 2 克，葱末、姜末、料酒、油各适量，干辣椒 20 克，豆豉 30 克

制作方法

◎将朝天椒洗净切段；干辣椒切节。

◎鱿鱼须入沸水中余烫后捞出沥干水分，拌入姜末、料酒腌渍 10 分钟。

◎炒锅内放油烧热，下入朝天椒、干辣椒、豆豉炒香，加入鱿鱼须，调入盐、鸡精、孜然粉、老抽、香油、料酒炒至入味，起锅装盘，撒上葱末即成

> **厨房笔记**：鱿鱼须不宜久炒，以免肉质变老。

青椒泡菜炒鱿鱼

原材料 鱿鱼200克,青椒1个,泡菜50克
醋8毫升,辣椒酱10克,盐5克,料酒8毫升,
油适量

制作方法
◎将鱿鱼去膜,切成6厘米长、2厘米宽的块,入沸水中余烫,
捞出,沥干水分;青椒洗净,切片。
◎炒锅注油,烧热,将青椒、泡菜、鱿鱼下入锅中翻炒,
再下盐、醋、料酒、辣椒酱炒匀入味即可。

黄金脆鲜鱿

原材料 鱿鱼3尾,鸡蛋2个(取蛋黄)
蒜末10克,淀粉30克,吉士粉30克,白
胡椒粉5克,盐、鸡精、油各适量

制作方法
◎将鱿鱼洗净,切小块,用盐、鸡精、白胡椒粉抓匀,腌
渍片刻;淀粉、吉士粉与鸡蛋黄混合拌匀,放入鱿鱼块上浆,
下入五成热的油锅中炸约1分钟,至色泽金黄后捞起,备用。
◎热锅注油,爆香蒜末,下炸好的鱿鱼迅速拌炒,加入盐、
鸡精调味,出锅即可。

> **厨房笔记**:鱿鱼不宜切太大片,因为上粉后,会比较
> 大块。

西蓝花炒鲜鱿

原材料 西蓝花250克,鱿鱼300克,胡萝卜50克
蒜30克,姜15克,葱白20克,鸡精4克,
盐6克,料酒、油各适量

制作方法
◎将西蓝花洗净,切成小朵,放入沸水锅中,加入少许盐、
油,焯熟后备用;鱿鱼洗,切掉鱿鱼须,在其身上切出若
干十字花刀,焯水捞出;蒜去皮,洗净,切片;葱白洗净,
切段;胡萝卜洗净,切片;姜去皮,洗净,切片。
◎净锅置旺火上,注入油,下入姜片、蒜片爆香,放入葱段,
稍炒,加入鱿鱼、胡萝卜片炒熟,调入盐、料酒、鸡精炒匀,
盛出装盘,用西蓝花围边即可。

沙爹酱鱿鱼

原材料 鱿鱼 300 克，青、红椒各 1 个，香菜 10 克

调味料 盐、白糖各 5 克，胡椒粉 2 克，沙爹酱 5 克，料酒 5 毫升，葱 1 根，姜 2 片，香油 5 毫升，油适量

制作方法
◎鱿鱼洗净，掏去肚脏，在鱿鱼上打上十字花刀，切成大块。
◎锅中放水，将鱿鱼氽烫后捞出。
◎锅中放油、沙爹酱，下入氽烫的鱿鱼、盐、白糖、胡椒粉、料酒炒匀即可。

韭菜薹炒蛤肉

原材料 蛤蜊肉 100 克，韭菜薹 150 克

调味料 盐 5 克，料酒 3 毫升，鸡精 3 克，油适量

制作方法
◎将蛤蜊用开水冲烫，去壳取肉，用温水洗净；韭菜薹洗净，切段，焯水备用。
◎将炒锅置于旺火上，加油烧热，下蛤蜊翻炒，下韭菜薹及盐、鸡精、料酒翻炒，炒熟即成，佐餐食。

墨鱼炒西蓝花

原材料 墨鱼片 150 克，西蓝花 250 克，西红柿 100 克，胡萝卜片

调味料 盐、鸡精、香油各少许，油、料酒各适量

制作方法
◎将墨鱼片去皮，洗净，改刀片成片，待用；西蓝花洗净，切小朵；西红柿洗净，切月牙块。
◎净锅注水，烧沸，分别放入西蓝花、西红柿焯水，捞出沥水；将西红柿皮逐块从其中一端撕开，至中间处止，整齐地摆在圆盘中围边；西蓝花逐朵摆入西红柿内侧的盘中，围成圆形，备用。
◎净锅上火，注入油，烧热，下墨鱼片、胡萝卜片，调入盐、鸡精、料酒、香油，盛出放在西蓝花上即可。

西蓝花炒花枝片

原材料 西蓝花300克，花枝（即墨鱼）200克
调味料 盐5克，鸡精3克，料酒5克，油适量

制作方法

◎将西蓝花洗净，切小朵；墨鱼杀洗干净，切成片。

◎将西蓝花入沸水中焯水，捞出沥水待用。

◎锅中下油烧热，将花枝片下入锅中翻炒，至花枝片将熟时，将西蓝花下入锅翻炒，再加盐、鸡精、料酒调味即可。

> **厨房笔记**：西蓝花不好清洗，可以用盐水浸泡一会帮助杀菌。

五彩鱿鱼丝

原材料 鱿鱼200克，红彩椒、黄彩椒、绿彩椒各适量
调味料 葱、姜、蒜各少许，盐4克，水淀粉、鸡精、油适量

制作方法

◎红、黄、绿彩椒切长条，葱、姜、蒜切丝；鱿鱼剔骨切成细丝。

◎锅热后放入少许油；热锅温油放入葱、姜、蒜丝煸炒出香味，再放入鱿鱼丝煸炒出香味，然后放入少量韩国辣酱继续煸炒，最后放入青红椒煸炒，直至将菜煸出香味；放入盐、鸡精调味。

◎用水淀粉勾薄芡后，将煸炒均匀的鱿鱼丝出锅装盘即可。

桂花炒干贝

原材料 鸡蛋2个，豆芽、粉丝各80克，干贝25克
调味料 盐3克，料酒3毫升，水淀粉2毫升，鸡精6克，姜5克，油适量

制作方法

◎鸡蛋打散，加入盐、料酒、水淀粉搅拌均匀，锅上火抹一层油烧至50℃左右，倒入鸡蛋摊成蛋皮，再切成5厘米长的丝备用。

◎豆芽掐去头尾；粉丝用温水泡软，切成8厘米长的段；干贝加料酒，上锅蒸10分钟。

◎锅上火，倒入油烧至五成热，按顺序放入干贝丝、粉丝、鸡蛋丝、豆芽、姜下锅快速翻炒5分钟，加入鸡精、盐出锅装盘即可。

小瓜炒北极贝

原材料 花生米 250 克，小南瓜 150 克，北极贝 150 克，红椒 100 克

调味料 盐 6 克，鸡精 3 克，姜片少许，油适量

制作方法

◎小南瓜洗净切成菱形块；北极贝洗净，剔好肉洗净，备用。

◎红椒去籽洗净切菱形片；花生米去红衣。

◎炒锅至火上，下油烧热，下入姜片、花生米爆炒，倒入小瓜丁、北极贝丁继续翻炒，加入红椒丁翻炒至熟，加盐、鸡精调味即可。

姜葱炒花甲

原材料 花甲 400 克

调味料 盐 7 克，鸡精 6 克，料酒 6 克，香油 8 毫升，蚝油 5 克，姜 10 克，葱 10 克，油、水淀粉适量

制作方法

◎花甲用清水养 1 小时，待其吐沙，洗净，再将其入沸水汆烫，捞出沥水；姜洗净，切片；葱洗净，切段。

◎锅中烧热油，爆香姜片，下花甲爆炒，待花甲由青色开始变为红色的时候，盖锅盖。

◎下葱段，加盐、鸡精、料酒、香油、蚝油调味，水淀粉勾芡即可。

豉椒炒花甲

原材料 花甲 500 克，青、红椒各 1 个，洋葱小半个，豆豉 100 克

调味料 蚝油 5 克，豆瓣酱 5 克，生抽、料酒、鸡精各少许，葱 2 根，姜末 5 克，蒜末 10 克，油、盐、水淀粉、香油各适量

制作方法

◎花甲放进盘里加水养，加点盐，令花甲吐出内脏里的沙，一般以水淹过花甲即可，一定要养半小时以上。

◎将花甲放入沸水里煮一下，煮到花甲一开口即捞出来，然后用清水冲洗，没有开口的可趁此将其掰开，洗干净后沥干水分备用。

◎烧热锅下油，烧热后放入蒜末、豆豉、姜末爆香后放入所有的调料再加少量的清水，翻炒几下后放入青、红椒同洋葱以及花甲翻炒几下，加蚝油、豆瓣酱、鸡精、鸡精等调料，烹进料酒翻炒，最后加水淀粉勾芡，再放葱段，下香油包尾即可上碟了。

PART 5

第五章

Fresh and Irresistible: Vegetables

挡不住的美食诱惑
——蔬菜类

　　常言道：三天不吃青，两眼冒金星。这里的"青"就是指各种蔬菜瓜果。

　　蔬菜种类繁多，补充了我们身体所需的各种营养，是人们日常饮食中必不可少的食物。蔬菜不仅富含多种维生素、矿物质及微量元素，更是低糖、低盐、低脂的健康食品。

清炒白菜薹

原材料 白菜薹 400 克

调味料 盐、鸡精、油各适量

制作方法

◎将白菜薹洗净，沥水备用。

◎热锅注油，烧热，下入白菜薹，炒熟后调入盐、鸡精，炒匀即可出锅。

> **厨房笔记**：此菜炒的时候，可加盖略焖。

清炒白菜

原材料 白菜 400 克

调味料 盐 5 克，姜末、鸡精、油各适量

制作方法

◎将白菜洗净，切段。

◎锅中下油烧热，放入姜末炒香，下白菜，调入鸡精翻炒 2 分钟，再下盐炒匀即可。

> **厨房笔记**：白菜不宜炒太久，以免高温破坏其营养成分，刚熟软即可。

手撕包菜

原材料 包菜 200 克

调味料 盐 5 克，鸡精 3 克，生抽、醋、油、姜末、蒜末各适量，干红辣椒 10 克

制作方法

◎将包菜洗净，用手撕成大片，放入沸水锅中氽烫片刻，盛出，沥水备用；干红辣椒洗净，擦干表面的水分，切成小段。

◎热锅注油，下入姜末、蒜末、干辣椒段爆香，加入包菜翻炒片刻，烹入盐、鸡精、生抽、醋炒匀，出锅装盘即可。

> **厨房笔记**：包菜炒前，放入适量的盐拌匀，腌渍 3～5 分钟，这样炒出的菜清脆爽口。

番茄炒包菜

原材料 番茄 50 克，包菜 400 克
调味料 盐 5 克，鸡精 3 克，油适量

制作方法

◎番茄洗净，切成块；包菜洗净，切成片，放入沸水锅中余烫后捞出，沥水备用。

◎热锅注油，下入番茄爆香出汁，加入包菜翻炒片刻，调入盐、鸡精炒匀即可。

> **厨房笔记**：番茄先下锅爆香出汁，炒出的包菜才会有酸甜味。

油渣炒包菜

原材料 包菜 200 克，猪油渣 50 克
调味料 盐 5 克，鸡精 3 克，油适量

制作方法

◎包菜洗净，手撕成小片。

◎热油锅，倒少许油，煸炒包菜后倒入猪油渣，加盐、鸡精调味即可。

清炒上海青

原材料 上海青 400 克，胡萝卜片少许
调味料 盐 5 克，鸡精 3 克，油适量

制作方法

◎将上海青逐片洗净，放入沸水锅中，滴入少许油，余烫片刻，盛出，沥水备用。

◎炒锅上火，注入少许油，下上海青、胡萝卜片炒熟，烹入盐、鸡精炒匀，出锅即可。

> **厨房笔记**：上海青焯水时，水中要放少许油，焯的菜才更脆绿。

板栗上海青

📋 **原材料** 上海青 200 克，板栗 150 克

📋 **调味料** 盐 5 克，鸡精 3 克，白糖 4 克，油适量

📋 制作方法

◎将上海青洗净，对半剖开，放入沸水锅中氽烫至熟，捞出，沥水后装盘；板栗先去掉硬壳，再放入沸水锅中煮约 3 分钟，取出，去掉细皮。

◎净锅上火，注入油，烧热后下板栗煸炒，加入盐、鸡精、白糖烧入味，盛出，装入摆有上海青的盘中即可。

炝炒四月青

📋 **原材料** 四月青 500 克

📋 **调味料** 陈醋 6 克，白糖 3 克，盐 5 克，干辣椒 20 克，鸡精 3 克，葱、姜、蒜末各少许，油适量

📋 制作方法

◎将四月青洗净，切段；干辣椒洗净，切段。

◎锅中下油烧热，炒香干辣椒、葱、姜、蒜末，再将四月青下入锅中炒至断生。

◎将陈醋、白糖、盐、鸡精下入锅中，翻炒入味即可。

清炒菜心

📋 **原材料** 菜心 400 克，红椒 1 个

📋 **调味料** 盐 5 克，鸡精 2 克，油适量

📋 制作方法

◎将菜心摘去黄叶，洗净，放入沸水锅中，滴入少许油，氽烫片刻后捞出；红椒洗净，去蒂，切块，备用。

◎热锅注油，烧热，下菜心入锅炒熟，烹入盐、鸡精，加红椒圈炒匀，装盘即可。

炝炒菜心

原材料 菜心 300 克

调味料 干辣椒 5 克，盐 5 克，鸡精 3 克，油适量

制作方法

◎菜心洗净；干辣椒切成段。

◎锅中加水烧沸，放少许油，下入菜心，氽烫后捞出。

◎锅中下油烧热，下入干辣椒炝香，再放入菜心，加盐、鸡精炒匀即可。

> **厨房笔记**：菜心要选色泽翠绿、质地鲜嫩的，在滴有少许油的水中氽烫，能使菜心更鲜嫩、翠绿。

小炒菜心

原材料 有机菜心 400 克，肥肉 50 克

调味料 盐 6 克，鸡精 3 克，香油少许，油适量

制作方法

◎菜心择好，洗净，沥干水分。

◎肥肉洗净后切成小块，入锅中炸油，稍炸一会儿捞出肥肉，沥油。

◎锅内加少许油，大火烧热，放入洗净的菜心，大火快炒，倒入炸好的肥肉，炒约 2 分钟后加盐、鸡精，淋香油出锅即可。

> **厨房笔记**：菜心之类的蔬菜须大火快炒，减少营养成分流失。

梅菜炒菜心

原材料 梅菜 200 克，菜心 500 克

调味料 盐 5 克，鸡精 3 克，蒜 10 克，油适量

制作方法

◎梅菜、菜心分别洗净后沥干水；蒜拍碎后切末备用。

◎锅里放油烧热，放入蒜末爆香，再放菜心炒至八成熟后放梅菜，加盐、鸡精炒匀即可。

> **厨房笔记**：菜心在炒前不用焯熟，以保留菜心的清香味。

清炒油麦菜

原材料 油麦菜300克，红椒丝少许

调味料 姜末5克，蒜末5克，生抽8毫升，鸡精3
克，盐5克，油适量

制作方法

◎将油麦菜择洗干净，切成5厘米左右长的段。

◎热锅注油，下姜末、蒜末爆香，放入油麦菜、红椒丝煸
炒2分钟，加生抽、盐、鸡精调味即可。

清炒豌豆苗

原材料 鲜豌豆苗500克

调味料 油适量，葱末、姜丝、料酒各少许，盐5克，
鸡精3克

制作方法

◎将豌豆苗用清水洗净，捞出，沥水备用。

◎热锅注油，以旺火烧至六成热，下姜丝爆香，放豌豆苗
入锅翻炒片刻，烹入料酒，调入盐、鸡精，炒至豌豆苗断生，
盛出，撒上葱末即可。

> **厨房笔记：** 豌豆苗很容易熟，不可久炒。

炒青豆苗

原材料 鲜青豆苗300克，黄豆芽100克，眉豆100
克

调味料 盐4克，鸡精2克，油适量

制作方法

◎将青豆苗拣去杂质，去除豆苗根须，用清水洗净，捞出
控净水分。

◎眉豆用水泡开；黄豆芽入水中去尽杂质，并去根须。

◎净锅坐火上，放油烧热后，下入青豆苗、黄豆芽、眉豆，
翻炒一会，加盐、鸡精，炒至青豆苗断生即可。

清炒雪里红

原材料 雪里红200克，红椒50克
调味料 盐适量，香油3克，蒜末10克，油30克

制作方法

◎将雪里红洗净，放入沸水中余烫片刻，取出，放入冷开水中过凉，沥干水份，切粒备用；红椒洗净，切碎丁，备用。
◎净锅上火，注入油，烧热，下蒜末、红椒丁爆香，加入雪里红翻炒至熟，加入盐、香油调味，拌匀即可。

清炒芥蓝

原材料 芥蓝200克
调味料 盐5克，香油5毫升，鸡精少许，油适量

制作方法

◎将芥蓝洗净，茎切成片。
◎锅中放油烧热，把芥蓝快速放入锅里，沿着锅边淋入适量的水，快速翻炒。
◎翻炒一小会儿后加入盐、鸡精调味，炒匀后起锅淋上香油即可。

厨房笔记：芥蓝入锅时，要加适量水，以免翻炒时将芥蓝炒糊，失去鲜绿色泽。

果仁菠菜

原材料 菠菜500克，花生米50克
调味料 盐5克，香醋5毫升，香油3毫升，鸡精5克，油适量

制作方法

◎将菠菜择洗干净；花生米入油锅中炸至酥脆。
◎将菠菜放入沸水锅中余烫后，捞出，沥干水分。
◎锅中放少许油，下入菠菜，调入盐、香醋、香油、鸡精，翻炒均匀，撒上花生米拌匀，盛出装盘即可。

厨房笔记：菠菜余水时不宜太久，以免颜色发黄。

菠菜炒粉条

原材料 菠菜 200 克，粉条 150 克，胡萝卜 50 克

调味料 盐 5 克，生抽 8 毫升，鸡精 6 克，香油、油各适量

制作方法

◎将菠菜洗净，焯水备用；粉条用水泡发；胡萝卜洗净，切成丝下。

◎锅中下油烧热，下菠菜、胡萝卜丝炒 2 分钟，再下粉条，加盐、生抽、鸡精拌炒匀。

◎出锅盛入碟中，再淋上少许香油即可。

> **厨房笔记**：菠菜一定要焯水焯透，去掉其中的草酸，更利于人体健康。

豆腐乳地瓜叶

原材料 地瓜叶 400 克，白豆腐乳 1 小块

调味料 糖 3 克，醋 3 毫升，香油 5 毫升，生抽 5 毫升，鸡精少许，蒜 5 粒，油适量

制作方法

◎地瓜叶择嫩叶洗净；蒜洗净，拍碎；豆腐乳压碎。

◎以油爆香蒜末，再放入地瓜叶快炒。

◎拌入碎豆腐乳，加鸡精、香油、糖、醋、生抽炒匀即可。

炝炒红薯叶

原材料 红薯叶 500 克

调味料 干辣椒、盐、鸡精、油各适量

制作方法

◎红薯叶洗净，滤干水分；干辣椒切小圈，备用。

◎锅里放油，下干辣椒翻炒至变色，下红薯叶翻炒，加少量盐、鸡精，翻炒匀起锅即可。

辣味空心菜

原材料 空心菜700克，红尖椒50克

调味料 盐5克，鸡精2克，香油2毫升，蒜瓣15克，油适量

制作方法

◎将空心菜择洗干净，沥干水分；红尖椒洗净后切成圈；蒜瓣去皮。

◎炒锅置旺火上，加油烧至七成热时，加蒜瓣、红尖椒圈，下空心菜炒至刚断生，加盐、鸡精翻炒，淋上香油，装盘即成。

> **厨房笔记：**空心菜不可炒得太烂，以免营养流失过多。腐败变质的空心菜不要食用。

生啫虾酱空心菜梗

原材料 空心菜350克，红椒15克

调味料 虾酱35克，姜15克，蒜10克，盐5克，油适量

制作方法

◎将空心菜去叶留梗，将空心菜梗择洗干净晾干水备用；蒜去皮洗净切粒；姜去皮洗净切片；红椒去籽洗净切块。

◎净锅注油旺火上，将蒜、姜爆香，放入红椒块、虾酱炒香后加入空心菜梗快速翻炒均匀至软身即可，临熄火前沿着锅边轻轻浇上少量的油，加盐炒均匀即可装盘。

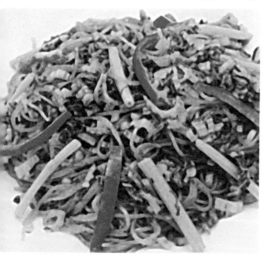

芥菜炒红薯粉丝

原材料 芥菜250克，红薯粉丝200克，红椒20克，芹菜30克

调味料 盐5克，鸡精3克，油适量

制作方法

◎芥菜入沸水中焯烫后捞出，过凉后沥水，切成末；红薯粉丝在水中浸泡15分钟后捞出。

◎红椒去籽洗净切丝；芹菜去叶洗净切段。

◎净锅置旺火上，下油烧热，下入芹菜段和红椒丝，稍炒片刻，放入红薯粉丝快速翻炒2分钟，再加入芥菜翻炒，加盐、鸡精调味即可装盘。

酒糟炒蕨菜

原材料 蕨菜300克，红椒30克，芹菜40克
调味料 鸡精3克，酒糟15克，盐适量，葱30克，
蒜20克，油适量

制作方法
◎蕨菜洗净切段，焯水；蒜去皮切片；红椒去籽洗净切丝；葱洗净切段；芹菜洗净切段。
◎锅内放油烧热，下入葱段、蒜片爆香，倒入蕨菜段和红椒丝翻炒均匀，加入酒糟继续翻炒，炒熟加盐、鸡精调味装盘即可。

蒜苗炒蕨粑

原材料 蕨粑300克，青蒜100克
调味料 干辣椒30克，生抽10克，白糖3克，料酒5克，盐、鸡精、油各适量

制作方法
◎蕨粑用温水浸泡10分钟；青蒜洗净切段；干辣椒切成小段。
◎炒锅置火上，注入油，烧至五成热，下干辣椒炒香，至油微红时，投入蕨粑翻炒。
◎待蕨粑快软时，下青蒜炒至断生即调入盐、鸡精、白糖、生抽、料酒，翻炒均匀即可出锅。

清炒西蓝花

原材料 西蓝花300克
调味料 盐5克，鸡精3克，油适量

制作方法
◎将西蓝花洗净，切成小朵，放入沸水锅中氽烫断生，捞出，沥水备用。
◎热锅注油，烧热，下西蓝花入锅中清炒，大火炒约3分钟，待西蓝花略微变色后，烹入盐、鸡精调味，起锅即可。

木耳炒淮山

原材料 鲜淮山200克，黑木耳100克，红椒1个，芹菜、胡萝卜片少许

调味料 盐3克，姜末、蒜末、生抽、醋、鸡精、油各适量

制作方法

◎将淮山洗净，去皮，切片，用水浸泡；黑木耳泡发好，洗净，去蒂撕成小片；红椒洗净，切菱形小片；芹菜洗净，切小段。

◎热锅注油，烧热，下蒜末、姜末、红椒爆香，放入淮山、木耳、芹菜、胡萝卜片煸炒3分钟，加盐、生抽、醋炒至入味，起锅前调入鸡精，炒匀出锅即可。

> **厨房笔记**：此菜适合急火快炒。淮山有大量的黏液，尽量不要用手直接接触，以免过敏，防炒糊要加少量水。

清炒茭白

原材料 茭白300克

调味料 盐5克，鸡精3克，姜末、蒜末、香油各少许，淀粉5克，油适量

制作方法

◎将茭白削去粗皮，洗净，切成片，放入沸水锅中焯烫片刻，除去草酸，捞出，沥水备用。

◎炒锅置中火上，注油，烧至五成热，爆香姜末、蒜末，加入茭白炒约2分钟，调入盐、鸡精，炒至入味，用淀粉勾芡，大火收汁，滴入少许香油，炒匀，出锅即成。

烧辣椒炒藠头

原材料 红椒2个，藠头300克

调味料 盐5克，鸡精3克，醋8克，生抽6克，姜、蒜末少许，油适量

制作方法

◎将红椒洗净，切成块。

◎锅中下油，烧热，将红椒下入锅中，煎至呈虎皮状，再将藠头下入锅中，下姜、蒜末及盐、鸡精、醋、生抽调味，翻炒均匀入味即可。

> **厨房笔记**：藠头中拌少许糖进去，味道会更鲜。

沙煲空心菜梗

原材料 空心菜梗400克，小米椒50克，豆豉10克

调味料 盐5克，鸡精3克，醋、生抽各8毫升，姜、蒜末各适量，油10毫升

制作方法
◎将空心菜梗洗净，切段，焯水备用；小米椒洗净，切圈。
◎热锅注油，烧热，爆香姜、蒜末、小米椒，下菜梗入锅，炒约2分钟，调入盐、鸡精、豆豉、醋、生抽，炒至入味，盛出，装入烧热的沙煲中即可。

清炒藕片

原材料 莲藕400克，胡萝卜片少许

调味料 盐5克，鸡精3克，葱少许，油10毫升

制作方法
◎将莲藕洗净，去皮，切薄片，放入沸水锅中余透，盛出，滤水备用；葱洗净，切末。
◎净锅上火，注油，烧热，下莲藕片、胡萝卜片焖炒至熟，调入盐、鸡精、炒匀，盛出装盘，撒上葱末即可。

> **厨房笔记**：炒莲藕时不宜用铁锅，否则藕片很容易被氧化变黑。

糖醋莲藕油条

原材料 莲藕300克，油条3根，脆面糊150克，青、红椒各少许，苹果1/4个，梨1/4个

调味料 糖醋汁适量，油500毫升

制作方法
◎将莲藕洗净，切成均匀的小条；油条放凉后，切成与莲藕条等长的小段；青、红椒分别去蒂洗净，切成菱形片；苹果、梨洗净，去皮取果肉，切成碎末，制成杂果碎。
◎将莲藕条分别塞入油条各个孔中，放入脆面糊中上浆，备用。
◎热锅注油，烧至四成热时，放入裹了脆面糊的莲藕油条，炸至金黄色，捞出，沥干油。
◎锅留底油，放入青、红椒片略炒，倒入炸好的莲藕油条，淋入糖醋汁，翻炒均匀，大火收汁，起锅装盘，撒上杂果碎即可。

椒盐莲藕饼

原材料 莲藕200克，肉松50克，虾仁50克

调味料 蚝油5毫升，盐5克，椒盐5克，姜末、蒜末、葱末各少许，油适量，面粉适量

制作方法

◎将莲藕洗净，切成片；虾仁洗净，剁成泥，与肉松混合搅匀，烹入蚝油、盐调味，制成馅料；面粉中兑入少许清水，搅打均匀，撒上少许葱末，制成面粉糊。

◎每取两片莲藕，在莲藕中间的各个小洞中灌入馅料，放入面粉糊中，上浆。

◎热锅注油，烧至六成热，下裹好面粉糊的藕夹入锅，炸至藕夹色泽金黄，捞出沥油。

◎锅留少许底油，烧热，爆香姜末、蒜末，将藕夹下入锅中，加入椒盐炒至入味即可。

炒芋梗

原材料 芋梗200克，胡萝卜片、红椒丝、青椒丝各少许

调味料 鸡精3克，盐5克，姜丝少许，油适量

制作方法

◎将芋梗外层老纤维丝撕除，洗净，斜切成5厘米长的段。

◎热锅注油，烧热，爆香姜丝，放入芋梗、青椒丝、红椒丝、胡萝卜片翻炒3分钟，加入鸡精、盐及少许清水拌炒均匀后，翻炒至熟，起锅装盘即可。

蒜末红菜薹

原材料 红菜薹400克

调味料 盐5克，鸡精2克，蒜末10克，油适量

制作方法

◎将红菜薹洗净，折成长段，放入沸水锅中余烫后捞出，沥干水分。

◎热锅注油，爆香蒜末，下入红菜薹炒熟，调入盐、鸡精，炒至入味即可。

厨房笔记：此菜油不宜过多，以免吃起来过腻。

茶树菇炒芹菜

原材料 茶树菇 100 克，芹菜 100 克，红椒 1 个

调味料 盐 5 克，鸡精 3 克，水淀粉、香油各少许，姜、蒜末各 5 克，油适量

制作方法

◎将茶树菇泡发好，洗净，切成段；芹菜洗净，切成段；红椒洗净，切丝。

◎热锅注水，烧沸后加少许盐，放入茶树菇、芹菜、红椒丝，焯烫片刻，出锅沥水备用。

◎净锅注油，煸香姜、蒜末，放入茶树菇、芹菜、红椒丝同炒至熟，调入盐、鸡精，用水淀粉勾少许薄芡，淋入香油，炒匀，出锅装盘即可。

> **厨房笔记**：煸炒时火要旺，动作要快，这样炒出的菜更有菜香味。

豆豉水芹菜

原材料 水芹菜 500 克，红尖椒 3 个

调味料 姜末、蒜末共 10 克，豆豉 10 克，盐 5 克，生抽 6 毫升，油适量

制作方法

◎将水芹菜洗净，剔去绿叶，切段；红尖椒洗净，切粒。

◎净锅上火，注入适量油，烧热后下姜末、蒜末、尖椒粒，以大火爆炒出香味后，倒入水芹菜，放盐、豆豉，大火翻炒至芹菜断生，滴入生抽调味，翻炒均匀后可用小火略焖片刻，即可出锅。

清炒土豆丝

原材料 土豆 400 克

调味料 盐、鸡精、白糖各适量，葱段少许，油适量

制作方法

◎将土豆去皮，洗净，切成细丝，放入清水中浸泡片刻，捞出，沥水备用。

◎炒锅上火，注油烧热，下葱段煸香，加入土豆丝炒熟，放入鸡精、白糖、盐，略炒入味，出锅即可。

> **厨房笔记**：土豆切丝后多洗几次去淀粉，否则炒时发黏、不脆嫩。

辣椒土豆丝

原材料 土豆300克，红椒10克

调味料 鸡精2克，油45毫升，盐2克，香油5毫升，葱10克

制作方法

◎将土豆削皮切丝，放在清水中浸泡10分钟后捞起沥干。

◎红椒去蒂去籽，切成丝；葱洗净，切段。

◎锅置于旺火上，放油烧至六成热，放红椒丝炒香，再放土豆丝翻炒一会，加盐、鸡精、葱段，炒至土豆丝断生时放入香油，炒匀起锅即可。

醋溜土豆丝

原材料 土豆400克

调味料 盐5克，葱段少许，醋100毫升，油适量

制作方法

◎将土豆去皮切成细丝，放清水中洗去淀粉。

◎炒锅置火上，放油烧热，下葱段略炸，待有香味时，放入土豆丝炒拌均匀。

◎土豆丝快熟时放入醋、盐，略炒一下即可出锅。

薯条炒肉丝

原材料 土豆300克，猪瘦肉200克，红椒30克

调味料 盐5克，鸡精3克，胡椒粉3克，姜、葱、蒜少许，生抽、醋各5毫升，水淀粉、油各适量

制作方法

◎将土豆洗净，切丝；猪瘦肉洗净，切丝，用盐、水淀粉腌制待用；红椒切丝。

◎锅中下油，烧至六成热，将土豆丝、肉丝下入锅中滑油，再捞起沥油。

◎锅中留少许底油，爆香姜、葱、蒜、红椒，再将土豆丝、肉丝下入锅中，再下盐、鸡精、胡椒粉、生抽、醋，翻炒均匀至入味即可。

厨房笔记：应选表皮光滑、个体大小一致、没有发芽的土豆为好，发芽的土豆有毒，不宜食用。

家常胡萝卜片

> **原材料** 胡萝卜 400 克，五花肉 100 克
> **调味料** 盐 4 克，鸡精 3 克，料酒 5 毫升，葱 10 克，油适量

制作方法
◎将胡萝卜洗净后切成薄薄的片；五花肉洗净后切片；葱洗净后切成葱末。
◎净锅坐火上，锅中放油，放入五花肉中火煸出油，烧至三四成热时放入胡萝卜片翻炒，加入盐、鸡精、料酒炒匀后加葱末即可。

炝胡萝卜丝

> **原材料** 胡萝卜 300 克
> **调味料** 盐 5 克，葱 5 克，姜丝 5 克，生抽 6 毫升，鸡精 3 克，干辣椒 3 克，油适量

制作方法
◎将胡萝卜洗净，切成细丝；干辣椒、葱洗净，切成段备用。
◎热锅注油，烧热后下干辣椒、葱段、姜丝爆香，放入胡萝卜丝翻炒片刻，烹入盐、生抽、鸡精炒熟，装盘即可。

> **厨房笔记**：干辣椒一定要在油中爆出辣味，这样成菜才够香辣。

酸萝卜炒海带

> **原材料** 海带 300 克，酸萝卜 200 克，红椒 1 个
> **调味料** 葱末 10 克，姜末、蒜末、盐各少许，鸡精 3 克，陈醋、生抽各 8 毫升，香油 5 毫升，胡椒粉、油各适量

制作方法
◎将海带用温水泡发后，洗净泥沙，切成丝，放入沸水锅中焯一下水，去除泥腥味，捞出，放入冷水中过凉，沥水备用；酸萝卜用水冲洗一下，切成丝；红椒洗净，切碎备用。
◎净锅置旺火上，放入油，烧热后下入姜末、蒜末、红椒碎煸香，加入酸萝卜丝、海带丝略炒，调入盐、鸡精、胡椒粉、陈醋、生抽，炒至入味，撒上葱末，淋入香油，出锅装盘即可。

农家干菜钵

原材料 干菜 300 克，肉末 150 克

盐 8 克，鸡精 5 克，油 20 毫升，香油 3 毫升，干红椒 20 克

制作方法

◎干菜用热水泡好，捞出沥水，再入锅中炒干水分；干红椒洗净，切段。

◎将锅倒入油烧热，再放入肉末、干红椒炒香。

◎将炒干水的干菜倒入锅中，调入盐、鸡精，淋上香油即可。

> **厨房笔记**：此菜要适量放多一点油，吃起来才脆滑。

姜蒜莴笋丝

原材料 莴笋 500 克，红椒丝少许

盐 5 克，鸡精 3 克，姜末、蒜末少许，油适量

制作方法

◎莴笋洗净，削皮后切丝。

◎热锅注油，烧热，爆香姜末、蒜末，下莴笋丝、红椒丝翻炒 2 分钟，调入盐、鸡精，炒匀入味即可。

> **厨房笔记**：此菜炒的时间不要过长，否则就不脆爽了。

清炒莴笋

原材料 莴笋 600 克

盐 5 克，鸡精 3 克，油适量

制作方法

◎将莴笋叶洗净备用，茎去皮，切片。

◎锅中水烧沸，下入莴笋片、莴笋叶焯水后捞出。

◎锅中放油，下入莴笋片、莴笋叶，调入盐、鸡精炒匀即可。

> **厨房笔记**：焯水时，先下莴笋片，后下莴笋叶，否则莴笋叶就蒸了。

咸鱼炒菜心

原材料 菜心300克，咸鲛鱼100克，红椒、黄彩椒各少许，红尖椒1个

盐5克，蚝油10克，淀粉、胡椒粉少许，蒜2瓣，葱1棵，油适量

制作方法

◎将菜心洗净，切成段，入沸水中焯一下，沥干待用；咸鲛鱼洗净，切小块，用淀粉、清水拌匀上浆，放入油锅中炸香；蒜瓣去皮，剁成碎末；红尖椒洗净，切片；葱洗净，切段；红椒、黄彩椒洗净，切条。

◎热锅注油，烧热，下蒜末、葱段爆香，倒入菜心、炸咸鱼翻炒数下，加入盐、蚝油、胡椒粉炒至入味，放入红尖椒、红椒、黄彩椒炒熟即可。

> **厨房笔记：** 咸鲛鱼须油炸后烹制。

XO酱爆石窝芥蓝

原材料 芥蓝300克，红椒丝10克，素火腿丝20克

盐5克，鸡精3克，白糖2克，姜末3克，XO酱6克，辣椒酱3克，豆豉汁5毫升，油适量

制作方法

◎将芥蓝洗净，沥干水分。

◎净锅上火，注入油，下XO酱、辣椒酱爆香，放入素火腿丝略炒，倒入芥蓝，翻炒至熟，调入盐、鸡精、姜末、白糖和豆豉汁，炒至入味，加入红椒丝，大火收汁，盛出装入石窝中即可。

清炒有机花菜

原材料 花椰菜500克，青椒1个

盐5克，生抽8毫升，香油少许，油适量

制作方法

◎将花椰菜洗净，切小朵，放入沸水锅中焯一下水，捞出，沥水备用；青椒洗净，切片。

◎热锅注油，烧热，将花椰菜、青椒片下入锅中，翻炒2分钟，烹入盐、生抽，加少许清水，炒至水干，淋入香油，拌匀出锅即可。

素炒淮山

原材料 铁棍淮山200克，甜豆30克，滑子菇30克，百合20克，胡萝卜10克，腰果20克

调味料 盐2克，鸡精2克，白糖1克，姜末3克，花椒油2克，油5毫升

制作方法

◎将腰果浸泡后沥干水分，入油锅炸成金黄色，捞出沥油；甜豆去老筋；淮山去皮切成条；胡萝卜去皮，切菱形片；滑子菇、百合洗净。

◎净锅上火，将淮山放入沸水中，余烫片刻，加滑子菇、甜豆、胡萝卜，最后倒入百合，略烫，约5分钟后捞出，沥水备用。

◎热锅注油，爆香姜末，放入淮山、甜豆、百合、滑子菇、胡萝卜翻炒均匀，加少许清水翻炒，调入盐、鸡精、白糖，翻炒均匀。

◎出锅前淋入少许花椒油，拌匀，熄火，装盘，撒上炸好的腰果即成。

酱爆淮山

原材料 淮山400克，香菇20克

调味料 淀粉100克，盐4克，鸡精3克，豆瓣酱、油各适量

制作方法

◎将淮山洗净、去皮，切成菱形片，备用；香菇洗净，挤干水分，切成丁。

◎将淀粉装入碗中，兑入适量清水，调制成稀糊状，加入淮山，均匀地挂浆；将挂浆后的淮山放入三成热的油锅中，炸约1分钟，捞出，沥油备用。

◎锅留适量油，烧热后下香菇丁略炸出香，加入豆瓣酱、盐、鸡精翻炒片刻，加入淮山片同炒，至淮山片入味，出锅装盘即可。

酸辣土豆丝

原材料 土豆500克

调味料 生抽3毫升，醋10毫升，盐5克，鸡精3克，干辣椒1个，油适量

制作方法

◎将土豆洗净，去皮，切成细丝，用清水浸泡；干辣椒洗净，切小段。

◎炒锅上火，注油烧热，下入土豆丝煸炒至断生，加入干辣椒略炒，烹入生抽、盐、醋、鸡精，炒至入味即成。

果蔬炒淮山

原材料 火龙果1个，淮山药100克，胡萝卜50克，
玉米粒50克，红腰豆30克，甜豆30克，
百合10克，油炸核桃仁少许

调味料 盐2克，鸡精2克，白糖1克，水淀粉1克，
油10毫升

制作方法

◎火龙果洗净外皮，在尾部1/3处斜切开，挖出果肉，切
成红腰豆大小的粒；将半个火龙果壳摆在尾盘；甜豆洗净，
摘去老筋，切成丁；淮山、胡萝卜去皮洗净，切小丁；玉
米粒淘洗干净，沥水备用。

◎将淮山、胡萝卜放入沸水中过水，再加入红腰豆、玉米粒、
百合，最后放甜豆，煮至断生，捞出沥水。

◎净锅上火，注入油，倒入煮过的淮山、胡萝卜、红腰豆、
玉米粒、百合、甜豆，调入盐、鸡精、白糖，加少许清水，
翻炒均匀，加火龙果，用水淀粉勾芡，炒匀，熄火，装在盘中，
撒上油炸核桃仁即可。

蛋黄土豆丝

原材料 土豆300克，蛋黄2个

调味料 盐5克，鸡精3克，生抽少许，油适量，
葱末少许

制作方法

◎将土豆去皮，洗净，切丝；蛋黄中加少许盐，打散。

◎净锅注油，烧热，将土豆丝入锅，煸炒至软，调入蛋黄液，
与土豆丝炒拌均匀，烹入盐、鸡精、生抽，撒上少许葱末，
翻炒均匀即可。

酸辣藕丁

原材料 莲藕400克，青豆100克

调味料 盐5克，醋10毫升，鸡精5克，蒜末3克，
干辣椒50克，油适量

制作方法

◎将莲藕洗净，切成丁；青豆洗净；干辣椒洗净，切断。

◎坐锅点火放油烧热，先爆香蒜末、干辣椒，再下藕丁、
青豆一起翻炒，注少许清水，加盖焖一会。

◎烧至水分收干，加盐、鸡精、醋调味即可。

顺德炒三秀

原材料 莲藕100克，土豆100克，白萝卜100克，黑木耳20克，荷兰豆20克，黄椒10克，红椒10克

调味料 盐5克，鸡精3克，油适量

制作方法

◎将土豆去皮后洗净，切成片；白萝卜洗净后切薄片；藕洗净后切片。

◎将荷兰豆洗净后，撕成小段；黑木耳泡发后洗净，切碎；黄椒和红椒洗净后切片。

◎净锅坐火上，放油烧热后加入藕片、土豆片、白萝卜片、黑木耳、荷兰豆翻炒，炒至半熟再加黄椒、红椒，续炒后再加盐、鸡精炒匀即可。

> **厨房笔记**：藕片切好后最好放在水里，以防其氧化变黑。

酱爆莲藕

原材料 莲藕400克

调味料 盐4克，鸡精3克，甜面酱适量，油适量

制作方法

◎将莲藕洗净泥沙，切成薄片。

◎净锅坐火上，放油烧热后加入甜面酱，再倒入切好的藕片，翻炒至熟，加盐、鸡精调味即可。

大盆藕条

原材料 莲藕400克，青椒、红椒各半个

调味料 盐5克，鸡精3克，陈醋8毫升，生抽6毫升，香油5毫升，姜、蒜末少许，油适量

制作方法

◎将莲藕洗净，切成条；青椒、红椒分别洗净，切条。

◎锅中下油烧热，爆香姜、蒜末，再将藕条、青椒、红椒下入锅中，翻炒一会，加水翻炒至藕条熟，将盐、鸡精、生抽、陈醋下入锅中调味，淋上香油，翻炒均匀即可。

炝炒藕片

原材料 莲藕400克
调味料 盐5克，鸡精5克，油少许，干辣椒50克，花椒少许

制作方法

◎将莲藕洗净，切片；干辣椒切段。
◎热油，放入花椒、干红辣椒段炝锅。
◎将藕片加入锅中翻炒片刻，放入适量鸡精和盐稍炒即可装盘。

炒红薯粉条

原材料 红薯粉200克，韭菜100克，鸡蛋2个
调味料 老抽10毫升，鸡精5克，盐6克，油10毫升

制作方法

◎将红薯粉用水浸泡约2小时，再余水备用；韭菜洗净，切段；鸡蛋磕碎，取蛋液，搅打匀。
◎锅中下油烧热，将鸡蛋液、韭菜下入锅中，大火快炒。
◎下入红薯粉，调入盐、鸡精、老抽，翻炒均匀即可。

> **厨房笔记**：泡红薯粉时用温水，更易将粉丝泡开。

虎皮尖椒

原材料 绿尖椒500克
调味料 香醋30毫升，白糖18克，生抽15毫升，料酒少许，蒜末、油各适量

制作方法

◎将香醋、白糖、生抽、料酒混合，兑成调料汁；绿尖椒洗净，去蒂及籽，剖成两半。
◎净锅上火，烧热后投入尖椒用小火焙至表皮出现斑点时，放入蒜末、少许油煸炒一下，烹入兑好的调料汁，拌炒均匀，即可出锅。

> **厨房笔记**：尖椒要选用鲜嫩的，煸炒时应用小火，使芝麻大小的斑点密布于尖椒上。

青椒炒酸菜

原材料 酸菜400克，青椒1个

调味料 盐5克，鸡精3克，生抽8毫升，姜、蒜末少许，油适量

制作方法

◎将酸菜洗净，用清水浸泡约1小时，捞出挤干水分；青椒洗净，切圈。

◎锅中下少许油，烧热，将姜、蒜末及青椒炒香，再将酸菜下入锅中，翻炒一会儿，下盐、鸡精、生抽调味，翻炒均匀入味即可。

豆角茶树菇炒茄子

原材料 茶树菇80克，豆角100克，茄子150克，胡萝卜30克

调味料 盐5克，鸡精3克，胡椒3克，生抽8毫升，姜末、蒜末各少许，油适量

制作方法

◎将茶树菇、豆角洗净，切段；茄子、胡萝卜分别去皮，洗净，切成条；将茶树菇、豆角、胡萝卜分别放入沸水锅中焯一下水；茄子放入六成热的油锅中滑一下油，捞出，沥油备用。

◎热锅注油，烧热，爆香姜末、蒜末，下入茶树菇、豆角、茄子、胡萝卜翻炒至熟，调入盐、鸡精、胡椒、生抽，炒至入味，出锅即可。

红椒香菜茄子

原材料 嫩茄子300克，红椒1只，香菜少许

调味料 油30毫升，盐6克，鸡精5克，豆瓣酱10克，水淀粉适量，香油5毫升，姜10克，蒜瓣10克

制作方法

◎嫩茄子洗净，切丁；红椒洗净，切丁；香菜洗净，切粒；姜去皮，切末；蒜瓣切末。

◎烧锅下油，待油热时放入姜末、蒜末、豆瓣酱、茄丁，用中火炒至松软。

◎调入盐、鸡精、红椒粒炒透，用水淀粉勾芡，撒入香菜粒，淋上香油出锅入碟即成。

> **厨房笔记**：茄子切洗后在水中浸泡一会儿，炒茄子时就不会费浪多油。

避风塘茄子

原材料 茄子400克，面包糠适量

调味料 盐、鸡精、十三香各少许，蒜、油、干辣椒、面粉各适量

制作方法

◎将干辣椒洗净，擦干表面的水渍，切碎；蒜去皮，切粒；茄子洗净，切片。

◎将面粉和油按照3∶1的比例，加入少许盐调成脆皮糊；将茄子放入脆皮糊中，均匀上浆，下入六成热的油锅中炸至表面金黄，捞出，沥油备用。

◎锅留底油，下蒜、干辣椒入锅炸香，加入面包糠、十三香、盐、鸡精，炒到面包糠微黄酥香，放入炸过的茄子，翻炒均匀即可。

小炒丝瓜

原材料 丝瓜500克

调味料 油适量，盐5克，鸡精3克，葱末、水淀粉各少许

制作方法

◎将丝瓜洗净，去皮，切成块。

◎热锅注油，烧至八成热，下葱末炝锅，放入丝瓜略炒，加盐、鸡精，翻炒至丝瓜断生，加少许清水，转用中火炒约1分钟，用水淀粉勾芡，大火收汁，出锅装盘即成。

紫苏黄瓜

原材料 黄瓜500克，紫苏50克，青尖椒30克

调味料 盐5克，鸡精3克，红油50毫升，生抽5毫升，香油少许，葱末8克，姜、蒜末各少许，油适量

制作方法

◎将黄瓜洗净，去蒂，斜刀切成片；青尖椒洗净，切圈；紫苏洗净，切碎。

◎净锅置旺火上，放入油，烧至六成热，黄瓜下锅煎至两面金黄，倒入漏勺沥干油。

◎净锅置旺火上，放入红油，下姜、蒜末爆香，倒入黄瓜片翻炒片刻，再加入盐、鸡精、生抽，放紫苏、青尖椒炒拌入味，淋上香油，再撒上葱末即可。

甜豆炒百合

原材料 甜豆 200 克，百合 200 克，胡萝卜片少许

调味料 盐 5 克，鸡精 3 克，姜末、水淀粉各少许，油适量

制作方法

◎将甜豆去筋、洗净，百合掰散、洗净，分别放入沸水锅中余烫断生，捞出，沥水备用。

◎热锅注油，烧热，下姜末煸香，放入甜豆、百合、胡萝卜片炒熟，调入盐、鸡精，用水淀粉勾芡，大火收汁，装盘即可。

炒双冬

原材料 冬笋 100 克，冬腌菜梗 100 克，红椒片少许

调味料 盐 5 克，鸡精 3 克，葱 1 棵，油适量

制作方法

◎将冬笋洗净，切片；冬腌菜梗洗净，切段；将切好的冬笋、冬腌菜梗分别放入沸水锅中余烫片刻，捞出沥水备用；葱洗净，切段。

◎热锅注油，烧热，放入冬笋、冬腌菜梗、葱段、红椒片翻炒至熟，调入盐、鸡精炒匀入味即可。

厨房笔记：腌菜自带咸味，因此盐不能放太多。

西芹百合炒腰果

原材料 胡萝卜 50 克，西芹 100 克，百合 50 克，腰果 50 克

调味料 盐 5 克，鸡精 8 克，生抽 6 毫升，油少许

制作方法

◎将胡萝卜洗净，切片；西芹洗净，切段；百合、腰果洗净，放入沸水锅中焯熟，捞出，沥水备用。

◎热锅注油，烧热，下腰果炸香，放入胡萝卜、西芹翻炒至熟，加入百合，调入盐、鸡精、生抽，翻炒入味即可。

厨房笔记：腰果用油炸香后，更加酥脆。

小炒苦瓜

原材料 苦瓜 300 克，五花肉 100 克，红椒 1 个

调味料 蒜末 15 克，盐、鸡精适量，油适量

制作方法

◎苦瓜对半切开，去瓤，斜切薄片，用盐腌一下，去掉苦味，并用水将盐冲洗掉；五花肉切碎；红椒剁碎。

◎锅内热油，下蒜末和红椒爆香后，下肉碎翻炒一下，放入苦瓜，炒熟后放少许盐、鸡精，调味即可

> **厨房笔记**：苦瓜可以用小勺刮净内瓤，这个是苦瓜苦味的根源。苦瓜不要炒得太老，脆脆的才好吃。

外婆私房菜

原材料 农家咸菜 400 克，青、红椒各 1/2 个

调味料 姜 5 克，蒜 10 克，鸡精 5 克，油适量

制作方法

◎将青、红椒洗净，切圈；姜洗净，切末；蒜去皮，切末。

◎热锅注油烧热，放入姜末、蒜末、青椒、红椒炒香，下入咸菜炒熟，加鸡精调味，出锅即可。

> **厨房笔记**：咸菜一定要干炒，使其更鲜香。

炒鲜笋

原材料 鲜笋 200 克，红椒片、青椒片、胡萝卜片各少许

调味料 鸡精 3 克，姜丝少许，盐、油适量

制作方法

◎将鲜笋洗净，切薄片，放入沸水锅中汆烫片刻，捞出，沥水备用。

◎热锅注油，烧热，下姜丝爆香，加入竹笋片、青椒片、红椒片、胡萝卜片，以大火翻炒约 3 分钟，加入盐、鸡精拌炒均匀，起锅装盘即可。

青笋炒面筋

原材料 青笋200克，面筋150克，胡萝卜片少许
盐5克，素蚝油10毫升，生抽8毫升，姜片、蒜末各少许，油适量

制作方法

◎将青笋洗净，切片，入沸水中氽透；胡萝卜片、姜片、蒜末分别洗净备用。

◎面筋入油锅中炸好，捞出沥油备用。

◎锅中下油烧热，煸香姜片、蒜末，再将青笋片、胡萝卜片下入锅中，快炒2分钟，下炸好的面筋及少许水，继续翻炒几分钟，再下盐、生抽、蚝油、翻匀，大火收汁即可。

厨房笔记：面筋球是我国传统食品之一，因为其具有特殊的风味与口感而深受消费者的欢迎与喜爱，油炸后的面筋球就像吹气一般胀得好大，形状个个都不相同。

炒素鸭

原材料 面筋300克，青椒2个
盐2克，鸡精2克，生抽15毫升，香油25毫升，油适量

制作方法

◎将面筋放入热油锅内，炸成鸭肉状。

◎青椒洗净后切成块，备用。

◎炒锅内下油烧热，加入青椒块翻炒均匀，加入面筋翻炒1分钟，加盐、鸡精、生抽调味，出锅前淋上香油即可。

豆豉冬瓜

原材料 冬瓜500克，豆豉30克
醋20毫升，盐5克，鸡精3克，剁椒10克，红油10毫升，油适量

制作方法

◎将冬瓜洗净，去皮，切成块。

◎热锅注油，烧热，下冬瓜块入锅，炒熟，将红油、豆豉、醋、盐、鸡精、剁椒下入锅中，翻炒至冬瓜均匀入味，出锅即可。

薯条煸四季豆

原材料 四季豆 200 克，土豆 200 克，熟白芝麻少许

调味料 盐 5 克，鸡精 3 克，干辣椒少许，料酒、油各适量

制作方法

◎四季豆去筋，切成段；土豆去皮，切成条；干辣椒切段。

◎四季豆、土豆分别入油锅中炸至金黄色捞出。

◎锅中放油，爆香干辣椒，下入四季豆、土豆，调入盐、鸡精、料酒炒匀，撒入熟白芝麻，装盘即可。

西蓝花笋尖

原材料 西蓝花 300 克，竹笋尖 100 克

调味料 蒜末 50 克，姜末 5 克，盐、鸡精各适量，油适量

制作方法

◎将西蓝花洗净，切成小朵，放入沸水锅中，加少许盐，焯烫至断生，捞出，沥水，摆入盘中；竹笋尖洗净，切成小块，放入沸水锅中余烫片刻，捞出备用。

◎热锅注油，下蒜末、姜末爆香，放入竹笋尖炒熟，调入盐、鸡精，炒至入味，出锅，洒在西蓝花上即可。

干煸四季豆

原材料 四季豆 300 克，猪肉末 50 克

调味料 盐 3 克，鸡精少许，米酒少许，干辣椒少许，姜末、蒜末、葱末、油各适量

制作方法

◎将四季豆去老筋，折成段，洗净，沥干水渍后放入热油锅中过一下油，起锅备用；干辣椒洗净，切段。

◎热锅注少许油，下猪肉末、姜末、蒜末、干辣椒段煸香，加入四季豆煸炒，调入鸡精、盐、米酒，炒至入味，撒上葱末，即可出锅。

苋菜四季豆

原材料 四季豆200克，苋菜1瓶，红辣椒2个，肉末100克

调味料 盐、鸡精少许，蒜3瓣，油适量

制作方法

◎将四季豆洗净，去筋，切好；红辣椒洗净，切块；蒜瓣拍碎切成蒜末。

◎净炒锅至旺火上，下油烧热后放入蒜末和红辣椒爆香，再加入肉末炒香。

◎将四季豆倒入炒锅大火爆炒至熟。

◎最后加入苋菜翻炒均匀，出锅时加入盐、鸡精翻炒均匀即可。

金沙四季豆

原材料 四季豆300克，面包糠100克，鸡蛋1个，红椒丝适量

调味料 盐10克，姜末5克，蒜末5克，油适量

制作方法

◎将四季豆去老筋，洗净，折成小段，放入沸水锅中氽烫至熟，捞出，沥水，调入盐拌匀，整齐地码入盘中；鸡蛋取蛋黄，拌入面包糠中。

◎热锅注油，烧热，下姜末、蒜末煸炒出香，放入拌好的面包糠，炒至色泽金黄，撒入适量盐，翻炒片刻，盛出，浇在四季豆上，用红椒丝围边即可。

豆角肉末炒橄榄菜

原材料 豆角200克，肉末200克，橄榄菜50克

调味料 盐5克，鸡精3克，生抽5毫升，醋6克，姜、蒜末少许，油适量

制作方法

◎将豆角洗净，切粒；肉末加盐拌匀；橄榄菜洗净。

◎锅中下油烧热，爆香姜、蒜末，将肉末下入锅中炒熟，盛出备用。

◎下油烧热，将豆角、橄榄菜下入锅中，炒至断生，将肉末下入锅中，再下盐、鸡精、生抽、醋，炒匀入味即可。

清炒油豆角

原材料 油豆角 400 克

调味料 盐 5 克，鸡精 3 克，油适量

制作方法

◎将油豆角去筋洗净，放入沸水锅中余透，捞出，控干水分。

◎热锅注油，下入油豆角翻炒至熟，调入盐、鸡精，炒至入味，出锅即可。

> **厨房笔记**：炒此菜时，盖上盖稍微焖煮一下会更好吃。

蚝油四季豆

原材料 四季豆 500 克

调味料 蚝油 50 毫升，盐、鸡精、油各适量

制作方法

◎将四季豆择去头尾，洗净。

◎锅中放水，烧开水后，放入准备好的四季豆煮 20 分钟，捞出沥水。

◎炒锅倒入少许油，下豆角稍炒，加蚝油、盐、鸡精调味即可。

> **厨房笔记**：在煮四季豆的水中滴几滴油，煮后的四季豆含油绿欲滴，四季豆煮 20 分钟后毒素可去尽。

爆炒毛豆

原材料 毛豆 500 克

调味料 盐 5 克，鸡精 3 克，姜、蒜、干辣椒各少许，油适量

制作方法

◎将毛豆洗净，剪去豆荚的两端，以便入味；姜、蒜洗净，切末；干辣椒洗净，切段。

◎将毛豆入沸水中煮熟，捞出沥水备用。

◎锅中下油烧热，爆香姜末、蒜末、干辣椒，将毛豆下入锅中翻炒，再下盐、鸡精调味即可出锅。

家常扁豆丝

原材料 扁豆400克，红尖椒30克

调味料 盐5克，鸡精3克，生抽、醋各6毫升，油适量

制作方法

◎将扁豆洗净，切成细丝；红尖椒洗净，切圈。

◎热锅注油，烧热，下扁豆丝、尖椒圈入锅，大火快炒3分钟，至扁豆丝将熟，调入盐、鸡精、生抽、醋，炒至入味，出锅装盘即可。

厨房笔记：食用扁豆会引起气滞腹胀，故腹胀者不宜食用。

农家四宝

原材料 玉米笋100克，香菇100克，西红柿2个，黄瓜1根

调味料 盐、鸡精、胡椒粉、油各适量

制作方法

◎将玉米笋洗净，切段；香菇择去菌杆，洗净，与玉米笋分别放入沸水锅中汆透，捞出沥水备用；西红柿洗净，切块；黄瓜洗净，剖成四份，切段。

◎热锅注油，放入西红柿、黄瓜、玉米笋、香菇翻炒至熟，调入盐、鸡精、胡椒粉，炒至入味即可。

厨房笔记：西红柿要炒出汁味道更好。

清炒八宝菜

原材料 胡萝卜100克，五香豆干70克，黑木耳70克，芹菜100克，小黄瓜100克，豆腐皮60克，黄豆芽60克，干冬菇50克

调味料 盐5克，香油10毫升，白胡椒粉3克，油适量

制作方法

◎胡萝卜、黑木耳、芹菜、豆腐皮、五香豆干和小黄瓜均洗净，切丝；干冬菇泡水软化后切丝备用。

◎准备一锅热水，放入黄豆芽焯熟后捞起，再放入五香豆干丝烫熟后捞起。

◎起油锅，放入冬菇、胡萝卜、黑木耳和芹菜炒香，再放入五香豆干丝和豆腐皮丝拌炒均匀，最后放入黄豆芽、小黄瓜丝拌炒均匀，加入盐、白胡椒粉，炒匀后淋上香油即可。

炒玉米

原材料 玉米粒200克，胡萝卜50克，西芹、苦瓜片少许

调味料 猪油30克，盐5克，鸡精3克，生抽、醋各8毫升

制作方法

◎玉米粒洗净，胡萝卜洗净、切成小丁，分别放入沸水锅中余烫片刻，盛出，沥水备用；西芹洗净，切小粒。

◎炒锅置旺火上，下入猪油，烧至四成热，下玉米粒、胡萝卜丁、西芹粒入锅，大火快炒3分钟，烹入盐、鸡精、生抽、醋调味，翻炒均匀，装入用苦瓜片围边的盘中即可。

> **厨房笔记：** 炒素菜加点猪油，有增香的效果。

金沙脆玉米

原材料 玉米粒300克

调味料 盐5克，鸡精3克，淀粉、油各适量

制作方法

◎将玉米粒洗净，裹上一层淀粉。

◎锅中下油，烧至七成热，下入玉米粒，炸至金黄色，捞出。

◎锅中下入玉米粒，调入盐、鸡精，炒匀即可。

> **厨房笔记：** 玉米粒要炸干水分，吃起来才香脆。

粒粒飘香

原材料 玉米粒300克，牛肉100克，蒜薹50克，红椒1个

调味料 盐、鸡精各少许，油、淀粉各适量

制作方法

◎将玉米粒洗净，用刀压平，拌入适量淀粉，混合均匀；蒜薹洗净，切粒；牛肉洗净，切粒，用盐腌渍片刻；红椒洗净，切丁备用。

◎将玉米粒下入六成热的油锅中，炸熟，捞出沥油；锅留底油，烧热，下牛肉粒、蒜薹粒、红椒丁，翻炒至熟，加入玉米粒，烹入盐、鸡精，翻炒入味，出锅即可。

观音玉白果

原材料 西芹 50 克，白果 50 克，百合 50 克，洋葱 50 克，红椒 1 个

调味料 盐 8 克，鸡精 3 克，油适量

制作方法

◎将洋葱切成莲花瓣，焯水待用；白果洗净，放入沸水锅中余烫，捞出沥水备用；百合洗净，掰开；片菜洗净，切段；红椒洗净，切片。

◎锅坐火上，注入油，烧热后倒入西芹、白果、百合、红椒，拌炒至熟，烹入盐、鸡精炒至入味，起锅装盘，沿盘边摆上洋葱即可。

厨房笔记：白果一定不能生吃，也不能多吃，可以煮或炒食。洋葱最好选用红色的，颜色才更亮丽。

腰豆粟米百合

原材料 红腰豆 150 克，粟米（玉米）150 克，豆角 150 克，鲜百合 100 克

调味料 盐 5 克，鸡精 3 克，白糖 2 克，油适量

制作方法

◎红腰豆用水略冲洗；粟米洗净；豆角洗净切丁；百合切去头尾，分开数瓣，洗净，待用。

◎净锅置旺火上，下油烧至七成热，放入红腰豆、粟米、豆角丁，大火翻炒约 3 分钟。

◎锅内随即加入百合，调入盐、白糖、大火炒约 1 分钟放入鸡精即可盛出装盘。

菠萝百合炒苦瓜

原材料 菠萝 200 克，鲜百合 50 克，苦瓜 300 克，青椒、红椒 20 克

调味料 盐 5 克，油适量

制作方法

◎将菠萝洗净，去皮，切片，用盐水浸泡；鲜百合掰开，洗净；苦瓜洗净，切片；青、红椒洗净，切片。

◎锅中下油烧热，将菠萝、鲜百合、苦瓜、青椒、红椒一起下入锅中，炒至熟，加盐，拌匀即可。

韭菜桃仁

**原材料** 韭菜 300 克，核桃仁 100 克

调味料 盐 6 克，鸡精 3 克，油适量

制作方法

◎将韭菜洗净，切成段；核桃仁洗净，沥水备用。

◎热锅注油，烧至五成热，倒入核桃仁，炸熟后捞出，沥油；锅留少许底油，倒入韭菜略炒，加核桃仁，调入盐、鸡精，炒匀入味，起锅装盘即可。

> **厨房笔记：** 核桃仁不宜炸得太老，避免有焦苦味。

三杯茄子

原材料 茄子 200 克，九层塔 1 棵，素肉松 20 克，红椒丝 5 克，芹菜 10 克

调味料 盐 5 克，鸡精 5 克，白糖 3 克，油 500 毫升

制作方法

◎茄子洗净，切成条；芹菜洗净，切成小段；九层塔洗净，折段，备用。

◎热锅注油，烧至四成热，放入茄子条，炸至酥软后捞出，沥油。

◎锅留底油，放入素肉松煸炒，加炸好的茄子条同炒，调入盐、鸡精、白糖，放入红椒丝、芹菜段，翻炒均匀，出锅装盘，撒上九层塔增香即可。

大碗粗粮

原材料 玉米粒 300 克，茄子 200 克，四季豆 200 克，黄瓜 200 克，鲜虾仁 20 克

调味料 盐 5 克，鸡精 4 克，干辣椒 100 克，油适量

制作方法

◎将茄子洗净后切成小粒，用盐稍腌渍；四季豆洗净，去老筋后切成粒；黄瓜去刺，洗净切成粒状；干辣椒切成段。

◎净锅坐上火，放油烧热后，先放虾仁炒一下后加入茄子粒、四季豆粒和玉米粒、黄瓜粒翻炒。

◎炒至将熟时再下入干辣椒段，加盐、鸡精调味，炒匀即可。

金沙脆茄

原材料 茄子 200 克，面包糠 50 克

调味料 盐 5 克，蘑菇精 5 克，白糖 3 克，油 500 毫升，脆面糊 100 克

制作方法

◎茄子洗净，切成条，裹上脆面糊。

◎热锅注油，放入茄子条略炸后，捞出，沥油。

◎锅留底油，烧热后倒入面包糠，翻炒片刻后加入炸好的茄子同炒，调入盐、蘑菇精、白糖，炒至入味，盛出装盘即可。

地三鲜

原材料 土豆 300 克，茄子 200 克，青椒 2 个，红椒少许

调味料 盐 5 克，鸡精 3 克，水淀粉 10 毫升，高汤 50 毫升，葱段 5 克，姜片 5 克，蒜片 5 克，油适量

制作方法

◎将土豆洗净削皮，切块；茄子洗净去皮，切滚刀块；红椒、青椒分别洗净，去籽，切片。

◎锅中下油，烧至五成热，放入土豆，炸成金黄色时捞出；将油烧至六成热，放入茄子，略炸后捞出，随即放入青椒片、红椒片过油，捞出，备用。

◎净锅上火，放油烧热，爆香葱段、姜片、蒜片，放入茄块、土豆块、青椒片、红椒片，注入高汤，调入盐、鸡精烧入味，用水淀粉勾芡即可。

三丝爆豆

原材料 洋葱、胡萝卜、白萝卜各 80 克，油炸花生米 100 克，香菜 30 克

调味料 盐 5 克，鸡精 3 克，胡椒粉 2 克，醋、生抽各少许，姜、蒜少许，油适量

制作方法

◎将洋葱、胡萝卜、白萝卜分别洗净，切丝；香菜洗净，切段。

◎锅中下油烧热，炒香姜、蒜，将洋葱、胡萝卜、白萝卜下入锅中，炒约 2 分钟，再将花生米、香菜下入锅中翻炒，再下盐、鸡精、胡椒粉、醋、生抽炒入味，盛入盘中即可。

厨房笔记： 用水将花生米泡涨后再入油锅炸，炸出的花生不仅可保持咸甜脆香，而且数日不发软。

鲜果爽爽肉

原材料 菠萝 200 克，草莓 100 克，青椒 1/2 个

调味料 甜面酱适量，油适量

制作方法

◎将菠萝去皮，入淡盐水中浸泡片刻；青椒洗净后切菱形块。

◎将草莓洗净，切成块，待用。

◎热锅注油，倒入甜面酱，再加入草莓、菠萝、青椒一起翻炒片刻，装盘即可。

> **厨房笔记**：菠萝削皮后，切成片需放入淡盐水中浸泡后再食用，这样吃不仅可以减少或避免能使人体"过敏"的菠萝蛋白酶摄入，而且可去掉菠萝的苦涩味。

蛋黄焗南瓜

原材料 南瓜 300 克，咸蛋黄 3 个

调味料 鸡精 5 克，白糖 10 克，生粉 50 克，香葱 1 根，油适量

制作方法

◎将南瓜去皮，切条，洗净，裹上一层生粉，放入六成热油锅中炸熟，捞出，沥油备用；咸蛋黄切碎、备用；香葱洗净，切末。

◎锅留底油，下入咸蛋黄，炒至起泡，再放入炸好的南瓜条翻炒均匀，烹入白糖、鸡精，炒匀，装盘，撒上香葱末即可。

香菇上海青

原材料 上海青 300 克，香菇 30 克

调味料 盐 5 克，鸡精 3 克，油适量

制作方法

◎将上海清洗净，对切成两半，放入沸水锅中，加少许盐、油，氽烫至熟，捞出，沥水后摆入盘中；香菇去菌杆，用清水泡发好。

◎热锅注油，下香菇入锅翻炒，烹入盐、鸡精，炒至入味，盛入装有上海青的盘中即可。

菌藻

炒滑子菇

原材料 滑子菇 300 克

调味料 盐 5 克，鸡精 3 克，胡椒粉 3 克，水淀粉适量，葱 20 克，油适量

制作方法

◎将滑子菇用清水浸泡约 1 小时，洗净，放入沸水锅中氽烫片刻，捞出，沥水备用；葱洗净，切末。

◎热锅注油，烧热，下滑子菇，调入盐、鸡精炒至入味，撒上胡椒粉，用水淀粉勾芡，大火收汁，出锅装盘，撒上葱末即可。

厨房笔记：此菜勾芡不宜过浓。

干煸滑子菇

原材料 滑子菇 300 克，蒜薹 50 克

调味料 淀粉 8 克，盐 5 克，鸡精 3 克，椒盐 6 克，姜末、油适量，干辣椒 5 个

制作方法

◎将滑子菇洗净，挤干水分，裹上一层淀粉，放入三成热的油锅中，炸至金黄色，捞出，撒上椒盐，拌匀备用；蒜薹洗净，切段；干辣椒洗净，切段。

◎热锅注油，放入干辣椒炒香，下入姜末、滑子菇煸炒，调入盐、鸡精，炒至入味即可。

芹菜香菇丝

原材料 芹菜 200 克，鲜香菇 100 克，甘草片 5 克

调味料 香油 5 毫升，盐 5 克，水淀粉、油、高汤各适量

制作方法

◎将芹菜去叶，切成 4 厘米左右长的段；鲜香菇洗净，切块。

◎净锅置旺火上，注油，烧至五成热，下芹菜煸炒几下，加入香菇丝、甘草片，烹入盐，炒匀，注入少许高汤，可小火焖煮至熟，用水淀粉勾芡，淋入少许香油，炒匀，出锅即成。

鲜味黑木耳

原材料 黑木耳200克，红椒1个，青椒1个

调味料 油10毫升，盐5克，鸡精8克，生抽5毫升

制作方法

◎将黑木耳用温水泡发至软，去根撕成片，洗净；青椒、红椒分别洗净，切圈。

◎热锅注油，烧热，下黑木耳、红椒、青椒入锅，大火快炒至黑木耳熟，烹入盐、鸡精、生抽，翻炒均匀即可。

> **厨房笔记**：黑木耳泡发好后，可以在沸水中再汆透，有利于将黑木耳炒熟。

尖椒木耳

原材料 尖椒50克，黑木耳200克

调味料 盐5克，鸡精3克，油适量

制作方法

◎将尖椒洗净；黑木耳用温水泡发好，去根撕成片，再洗净备用。

◎锅中下油烧热，先倒入尖椒翻炒几下，再倒入黑木耳不停翻炒3分钟。

◎将适量盐、鸡精下入锅中，炒几下，起锅即可。

养生黑木耳

原材料 干木耳50克，红椒2个，芹菜10克

调味料 蒜末8克，盐5克，胡椒粉、鱼露、油各适量

制作方法

◎干木耳用水泡发，去根撕成片，洗净备用；红椒切丝；芹菜取梗切段。

◎锅中热油，放蒜末爆香，倒入木耳丝、芹菜翻炒3分钟左右，再倒入红椒翻炒均匀，可盖上大火焖2分钟左右，加盐、鱼露、胡椒粉，翻炒片刻，起锅装盘即可。

木耳奶白菜

原材料 木耳50克，奶白菜300克，胡萝卜片少许
调味料 盐5克，鸡精3克，油适量

制作方法
◎将木耳用冷水泡发，去根撕成块，洗净备用；奶白菜洗净，对半切开；将木耳、奶白菜分别放入沸水锅中余烫，捞出，沥水备用。
◎热锅注油，下木耳、奶白菜、胡萝卜片入锅炒熟，调入盐、鸡精，炒匀即可出锅。

厨房笔记：奶白菜余烫时开水中放少许油，可使其保持鲜绿色泽。

菠菜木耳

原材料 菠菜200克，黑木耳150克
调味料 盐5克，鸡精3克，蒜末10克，油适量

制作方法
◎将黑木耳泡发好，去根；菠菜洗净，切段，沥水备用。
◎锅中下油烧热，炒香蒜末，下菠菜、木耳入锅翻炒2分钟，注入少许清水，可加盖略焖，下盐、鸡精调味，炒匀出锅即可。

泡椒木耳

原材料 红泡椒20克，黑木耳200克，香菜少许
调味料 盐5克，鸡精3克，蒜末、姜末、油适量

制作方法
◎将黑木耳用温水泡发好，去根撕片，洗净，备用。
◎热锅注油，烧热，下红泡椒、蒜末、姜末爆出味，加入黑木耳，以大火翻炒约3分钟，烹入盐、鸡精，炒至木耳入味，起锅即可。

葱烧木耳

原材料 黑木耳300克，大葱100克

调味料 蚝油、料酒、白糖、鸡精、油各适量，干淀粉5克，盐5克

制作方法

◎将黑木耳洗净，去根撕段；大葱洗净，切成段。

◎热锅注油，烧热，下葱段爆香，放入黑木耳，以大火翻炒2分钟，烹入少许料酒、蚝油，调入白糖、盐，炒至木耳入味，出锅前撒上鸡精，炒匀即可。

> **厨房笔记**：黑木耳放入清水中，加淀粉（澄沙）和盐（杀菌）拌匀，浸泡至软。

核桃山药炒木耳

原材料 核桃仁50克，鲜山药100克，黑木耳50克，芹菜50克，黄椒、红椒、青椒各1只

调味料 盐5克，鸡精3克，醋少许，油适量

制作方法

◎将鲜山药去皮，洗净后切成片；核桃仁去皮，洗净；黑木耳用清水泡发后剪掉根部，撕成小片芹菜洗净，去叶，切段；黄椒、红椒、青椒分别洗净，切菱形片。

◎净锅上火，注油，烧热后放入切好的黄、红、青椒片爆香，加入核桃仁、山药片和黑木耳翻炒至八成熟，烹入盐、鸡精、醋炒匀，出锅即可。

> **厨房笔记**：新鲜山药黏液多，在炒的时候注意不要让其糊锅。

香脆素鳝

原材料 香菇300克，青蒜30克，熟白芝麻5克

调味料 干淀粉适量，干辣椒10克，盐、鸡精各少许，油适量

制作方法

◎将香菇泡发好，洗净，用剪刀沿边剪成长条；青蒜洗净，切段；干辣椒洗净，切段。

◎香菇中拌入少许盐，拌匀，再裹上少许淀粉，入六成热的油锅中炸至金黄色，捞出备用。

◎锅中留少许底油，烧热，炒香青蒜、干辣椒及熟白芝麻，将香菇条下入锅中，再下盐、鸡精，翻炒均匀即可。

141

野山菌炒大白菜

原材料 野山菌100克，大白菜250克，黑木耳50克

调底料 生抽、盐、鸡精、花椒粉、葱末、水淀粉、油各适量

制作方法

◎把野山菌洗干净；选白菜的中段或菜心，去菜叶，切成段，黑木耳泡发好，去根撕片。

◎炒锅内放油烧热，下花椒粉、葱末，随即下入白菜煸炒，炒至白菜油润明亮时放入木耳，加生抽、盐、鸡精，炒拌均匀。

◎炒至白菜片、野山菌入味，用水淀粉勾芡，出锅装盘即可。

> **厨房笔记：** 大白菜性偏寒凉，胃寒腹痛、大便清泻及寒痢者不宜多食。

炒罗汉斋

原材料 黑木耳100克，西芹50克，百合50克，荷兰豆20克，玉米笋20克，红椒丝10克

调料 盐5克，鸡精3克，胡椒粉3克，油适量

制作方法

◎黑木耳泡发后洗净，去根撕成小块，洗净备用；西芹洗净后切成长条；百合洗净后备用；荷兰豆洗净去丝；玉米笋洗净后切成4瓣。

◎净锅坐火上，锅中放油烧热后加入黑木耳、西芹、百合、荷兰豆、玉米笋、红椒丝翻炒，待炒至菜熟，加调味料调味即可。

小炒地木耳

原材料 地木耳400克，红椒20克

调料 盐5克，鸡精3克，辣椒面5克，醋8毫升，生抽6毫升，葱末10克，姜、蒜末少许，油适量

制作方法

◎将地木耳洗净，去杂；红椒洗净，切粒。

◎锅中下油烧热，爆香姜末、蒜末和红椒，将地木耳下入锅中翻炒。

◎将盐、鸡精、辣椒面、醋、生抽下入锅中，将地木耳翻炒至均匀入味，再撒上葱末即可。

> **厨房笔记：** 地木耳杂质较多，需反复淘洗。

白菜炒木耳

原材料 黑木耳100克，大白菜200克

调味料 盐5克，鸡精3克，蚝油10毫升，油适量

制作方法

◎将黑木耳用温水泡发至软，择洗干净；大白菜洗净，切片，放入沸水锅中氽烫断生，捞出，沥水备用。

◎热锅注油，下入大白菜、木耳翻炒至熟，调入盐、鸡精、蚝油炒至入味，出锅即可。

> **厨房笔记**：黑木耳一定要泡发久一点，以免不爽口。

炒海蓉

原材料 海蓉200克，青、红椒丝共5克，香菜5克

调味料 盐5克，鸡精5克，白糖3克，豆瓣酱5克，素XO酱5克，淀粉3克，油10毫升

制作方法

◎将海蓉洗净后，入沸水中氽烫，捞出沥干备用；香菜洗净，切成小段。

◎热锅注油，放入豆瓣酱、素XO酱，青、红椒丝煸炒出香，加入海蓉，调入盐、鸡精、白糖翻炒至入味，临起锅时用淀粉兑水勾成薄芡淋入锅中，拌匀，出锅装盘，撒上香菜段即可。

> **厨房笔记**：海蓉又称"海底龙"、"龙筋菜"，是一种褐藻类绿色天然食品。

美极茶树菇

原材料 茶树菇200克，青、红椒50克，香菜5克，熟白芝麻2克

调味料 盐3克，鸡精3克，白糖2克，蒸鱼豉油5毫升，姜汁5毫升，油适量

制作方法

◎将茶树菇洗净，沥干水分备用；青、红椒洗净，切细丝；香菜洗净，切段。

◎热锅注油，倒入茶树菇，炸至色泽鲜亮、香味浓郁时，捞出，沥干油分。

◎锅留底油，倒入蒸鱼豉油、姜汁，烧出香味后，放入炸过的茶树菇、青红椒丝翻炒，调入盐、鸡精、白糖，炒至入味后加少许香菜段，翻炒几下，起锅装盘，撒上少许熟白芝麻即可。

清炒三鲜菇

原材料 金针菇 100 克，松菇 40 克，香菇 40 克，大葱 10 克

调味料 盐、胡椒各少许，料酒 20 毫升，油 15 毫升，蒜末少许

制作方法
◎将金针菇切去根部，香菇、松菇洗净，切片；葱洗净，切段。
◎锅内放油加热，先炒香蒜末、葱段，放入全部菇类拌炒。
◎加盐、料酒、胡椒调味后，即可盛盘。

厨房笔记：干香菇要泡发完全，而且泡发过的水不要弃去，可用来做高汤。

茶树菇炒大白菜

原材料 茶树菇 200 克，大白菜 100 克

调味料 盐 5 克，鸡精 3 克，生抽 8 毫升，姜、蒜、油各适量

制作方法
◎将茶树菇洗净，去蒂；大白菜洗净，切段。
◎锅中下油烧热，爆香姜、蒜，将茶树菇、大白菜下入锅中翻炒，再下盐、鸡精、生抽调味即可。

厨房笔记：茶树菇以菇形基本完整、菌盖有弹性、无严重畸形、菌柄脆嫩、长短一致的为佳。

美味杏鲍菇

原材料 杏鲍菇 250 克，青、红椒 50 克

调味料 盐 3 克，鸡精 3 克，白糖 2 克，蒸鱼豉油 5 毫升，姜汁 5 毫升，油 50 毫升

制作方法
◎将杏鲍菇洗净，切片；青、红椒洗净，切菱形片。
◎热锅注油，倒入杏鲍菇，炸至色泽鲜亮、香味浓郁时，捞出，沥干油分。
◎锅留底油，倒入蒸鱼豉油、姜汁，烧出香味后，放入炸过的杏鲍菇，倒入青、红椒片翻炒，调入盐、鸡精、白糖，炒至入味即可。

双色金针菇丸子

原材料 金针菇300克，青椒、红椒5克，木耳5克，杂果碎10克，番茄片5克

调味料 黑椒汁10毫升，糖醋汁10毫升，脆面糊150克，油500毫升

制作方法

◎将金针菇洗净，拌入脆面糊，抓匀，捏成丸子，定型，炸至金黄色，分成两份。

◎锅留底油，放入一份炸好的金针菇，加入青椒、红椒、杂果碎，调入糖醋汁，炒匀即可起锅，盛在盘子一边。

◎锅中注少许油，倒入另一份炸好的金针菇，放入青椒、红椒、木耳，调入黑椒汁，翻炒均匀，起锅装盘，盛入盘子的另一边。

◎最后用番茄片铺成长龙形装饰即可。

香酥猴头菇

原材料 猴头菇200克，芹菜10克，花生米50克，熟白芝麻5克

调味料 淀粉100克，油500毫升，盐5克，鸡精5克，白糖3克，干辣椒20克

制作方法

◎将猴头菇洗净，用清水浸泡至软；芹菜洗净，切段；淀粉兑入适量清水，调成糊；干辣椒切段。

◎猴头菇挤干水后，放入淀粉糊中上浆。

◎热锅注油，烧至四成热，放入上好浆的猴头菇，炸至酥脆，捞出沥油。

◎锅留底油，放入干辣椒段、芹菜段爆香，加花生米翻炒至香，调入盐、鸡精、白糖，倒入炸好的猴头菇，炒匀起锅，撒上熟白芝麻即可。

豆角炒本占地菇

原材料 本占地菇300克，长豆角50克，红椒1只

调味料 盐5克，鸡精8克，姜丝10克，油适量

制作方法

◎将本占地菇洗净，放入沸水锅中余水备用；长豆角洗净，切段，放入沸水锅中焯透；红椒洗净，切丝。

◎净锅上火，注油烧热，下姜丝煸香，加入本占地菇、长豆角、红椒翻炒均匀，调入盐、鸡精，炒至入味即可。

厨房笔记：各种菇类都较费油，炒时可适当多放一些油。

PART 6

第六章

The Dishes You will Never Forget: Bean Products

忘不了*最初的美味*
——豆制品类

　　豆制品是以大豆、绿豆、豌豆、蚕豆等豆类食物为主要原料加工而成的食品。豆腐、豆浆、腐竹、素鸡等等，是豆制品最常见的形式。豆制品不仅含有丰富的蛋白质，而且含有钙、铁、磷等人体需要的矿物质及维生素，还不含胆固醇。我国的传统饮食也有"五谷宜为养，失豆则不良"的说法，可见大豆及豆制品对于人体的重要性。

鸡米豆腐

原材料 鸡脯肉 200 克，豆腐 150 克，鸡蛋 1 个

调味料 蒜末 5 克，姜末 5 克，葱花 5 克，豆瓣酱 10 克，
生抽 20 毫升，盐 2 克，白糖 5 克，淀粉 5 克，
生粉、油各适量

制作方法

◎将鸡脯肉洗净，用生粉、生抽拌匀，腌渍片刻；豆腐洗净，
切块，放入开水中余烫约 3 分钟，捞出，沥干水分；鸡蛋打入
碗中，搅打均匀。
◎热锅注油，下蒜末、姜末煸香，加入鸡脯肉翻炒，调入盐，
注入少许清水，煮沸，调入豆瓣酱、生抽、白糖，煮至入味，
用淀粉兑水勾成薄芡，与鸡蛋液一起倒入锅中，翻炒均匀，撒
上葱花，出锅即可。

腊味熏香干

原材料 熏香干 300 克，腊肉 100 克，红尖椒 50 克

调味料 盐 5 克，鸡精 3 克，胡椒粉 5 克，生抽 8 毫升，
姜末、蒜末少许，油适量

制作方法

◎将熏香干洗净，切片；腊肉洗净，切片；红尖椒洗净，切圈。
◎锅中下油烧热，炒香姜末、蒜末、红尖椒圈，将腊肉下
入锅中，炒至变色，将熏香干倒入锅中煸炒。
◎锅中加少许水，炒至水干，再将其他调味料下入锅中，
翻炒均匀，出锅即可。

> **厨房笔记**：腊肉最好选用高山上的烟熏腊肉吃起来比较
> 香。

剁椒肉末炒煎豆腐

原材料 老豆腐 500 克，剁椒 50 克，青蒜 20 克，
肉末 100 克

调味料 盐 5 克，鸡精 3 克，豆瓣酱 8 克，姜末、蒜末、
料酒、生抽、油各适量

制作方法

◎将老豆腐切块焯水；青蒜洗净，切段。
◎将豆腐块在煎锅中用油双面煎焦黄备用。
◎炒锅放油烧热，下姜末炝锅，下肉末翻炒变色后加料酒、
盐、鸡精、生抽，下蒜末、剁椒、豆瓣酱及煎好的豆腐翻炒，
再加少量水，煮沸，撒上青蒜段即可。

胡萝卜炒豆腐

原材料 胡萝卜300克，豆腐100克

调味料 盐5克，生抽8毫升，素蚝油10毫升，油适量

制作方法

◎将胡萝卜洗净，切丝，放入沸水锅中焯熟，捞出沥干水分；豆腐用凉水冲洗干净，捣碎备用。

◎热锅注油，烧至五成热，下豆腐炒干水分，加入焯熟的胡萝卜丝翻炒，调入盐、生抽、素蚝油，炒至入味即可。

银葱豆腐

原材料 荷兰豆100克，日本豆腐100克，玉米粒50克，皮蛋2个，蟹柳50克

调味料 盐5克，鸡精4克，水淀粉、油各适量

制作方法

◎荷兰豆洗净后去筋，切成菱形片；日本豆腐切成片；皮蛋去壳后切成瓣状，入盘中备用；蟹柳切成长条；玉米粒洗净。

◎净锅坐火上，锅中放油烧热，加荷兰豆、日本豆腐、玉米粒翻炒；再加入蟹柳翻炒。至菜熟时，加盐、鸡精调味，用水淀粉勾芡，放入已摆皮蛋的盘中即可。

香干韭黄

原材料 韭黄200克，五香豆腐干100克

调味料 盐3克，香油5毫升，醋2毫升，鸡精2克，油适量

制作方法

◎韭黄用水洗净，控净水分，切成3厘米长的段；五香豆腐干切成与韭黄一样长的丝。

◎锅置火上，放油，下韭黄段和五香豆腐干丝快速翻炒，加入盐、醋、鸡精和香油，拌匀装盘即可。

厨房笔记 宜选购新鲜韭黄，这样其自身丰富的水分可以使得味道更浓，在翻炒的过程中就不必加水了。韭黄容易熟，炒制时间不要过久。

香干炒螺片

◎ **原材料** 五香豆腐干150克，海螺100克，青、红椒各50克

◎ **调味料** 盐6克，鸡精5克，蚝油8毫升，生抽6毫升，姜5克，料酒5毫升，葱1根，醋、油各适量

制作方法

◎ 将五香豆腐干洗净，切成块；海螺取肉，用醋洗去黏液，改刀切成薄片，放入沸水锅中氽烫片刻，盛出装入盘中；青、红椒洗净，切片；葱洗净，切末；姜洗净，切末。

◎ 热锅注油，烧热，爆香姜、葱、青椒、红椒，将海螺片下入锅中炒至变色，再将五香豆腐干下入锅中炒，大火翻炒2分钟，下盐、鸡精、蚝油、生抽、料酒调味，炒匀入味即可。

攸县香干

◎ **原材料** 攸县香干300克，红椒3个

◎ **调味料** 豆瓣酱、盐、鸡精、生抽、蒜片、油各适量，葱少许

制作方法

◎ 香干洗净，切片；红椒洗净，切段；葱洗净，切末。

◎ 香干下入水中，加盐，煮10分钟后捞出。

◎ 锅中放油，炒香豆瓣酱、蒜片，下入红椒、五香豆腐干，调入鸡精、生抽炒至入味，装入烧热的铁板上，撒上葱末即可。

麻婆豆腐

◎ **原材料** 豆腐300克，红椒末、青椒末少许

◎ **调味料** 盐5克，鸡精4克，白糖1克，油10毫升，胡椒粉5克，豆瓣酱5克，淀粉3克，香油少许

制作方法

◎ 豆腐用凉水冲洗干净，切成小块，放入沸水锅中氽烫2分钟，捞出，沥干水分。

◎ 热锅注油，放入青椒末、红椒末、豆瓣酱，煸炒出香，调入胡椒粉、盐、鸡精、白糖，拌匀，倒入豆腐，加少许清水，改用小火焖，至豆腐入味。

◎ 用淀粉兑水勾少许薄芡，淋入锅中，大火收汁，滴入香油，即可出锅。

> **厨房笔记**：豆腐不能烧煳，要勾芡收汁亮油，成菜才色、香、味俱佳。也可放入牛肉末或猪肉末，鲜煸炒香，再与豆腐拌匀。

鲍汁金菇滑豆腐

原材料 日本豆腐300克，金针菇100克，青、红椒各1只

调味料 鲍汁半瓶，料酒、老抽、盐、鸡精、白糖、淀粉、油各适量

制作方法

◎将金针菇洗净；玉子豆腐用水冲洗后沥干水分；青、红椒洗净后切成滚刀块，备用。

◎锅里放油，烧热，放入青椒、红椒爆香，再将金针菇和豆腐一起放入锅中，稍炒。

◎小火将鲍鱼汁翻炒，加清水，调入料酒、老抽、盐、白糖和鸡精，加入淀粉勾芡，放入青、红椒块，然后淋在豆腐上即可。

三鲜素腰片

原材料 素腰片100克，荷兰豆50克，香菇80克，笋尖30克，胡萝卜50克，木耳50克

调味料 盐5克，素鸡粉10克，姜丝少许，油适量

制作方法

◎荷兰豆洗净，择去两端；笋尖洗净，切段；香菇泡发好，洗净，切块；木耳泡发好，洗净，去根撕片；胡萝卜洗净，切片。

◎将荷兰豆、笋尖段、香菇块、胡萝卜片分别过水备用。

◎锅中下油烧热，爆香姜丝，再下入荷兰豆、香菇、笋尖、胡萝卜、素腰片、木耳，翻炒2分钟，再下盐、素鸡粉炒匀即可。

> **厨房笔记**：泡发香菇时，最好选用温水，能最快地泡发好香菇；加入少量白糖，既可以提升香菇的香味又能保证香菇中的营养不流失。

芦笋炒素鸡片

原材料 素鸡200克，芦笋150克，红椒50克

调味料 盐5克，素鸡粉8克，油适量

制作方法

◎素鸡切片备用；芦笋洗净，切段；红椒洗净，切块。

◎锅中下水烧开，将芦笋焯透。

◎锅中下油烧热，下入素鸡、芦笋、红椒，调入盐、素鸡粉，爆炒约2分钟即可。

腰果素鸡丁

原材料 腰果 150 克，素鸡 200 克，青、红椒共 50 克

调味料 盐 5 克，素蚝油 10 毫升，油适量

制作方法

◎腰果洗净，沥干水分；素鸡洗净，切成丁；青、红椒洗净，切片。

◎锅中下油烧热，下入腰果、素鸡分别炸一下，捞出沥油。

◎锅中留少许底油，下入腰果、素鸡、青椒、红椒翻炒，再下入盐、斋蚝油炒匀即可。

> **厨房笔记：**为了防止腰果炸糊，也可以裹少许淀粉后油炸。

西蓝花炒素火腿

原材料 西蓝花 200 克，素火腿 150 克，胡萝卜 50 克，红椒 1 只

调味料 盐 5 克，素鸡粉 6 克，姜丝少许，油适量

制作方法

◎将西蓝花洗净，切朵；素火腿、胡萝卜分别洗净，切片；红椒去籽洗净，切片。

◎西蓝花入沸水中焯熟；素火腿入沸水中余烫。

◎锅中下油烧热，下入姜丝爆香，再下入西蓝花、素火腿片，调入盐、素鸡粉，翻炒均匀即可。

鸡腿菇炒腐竹

原材料 腐竹 200 克，鸡腿菇 10 克，胡萝卜 30 克

调味料 盐 5 克，鸡精 3 克，醋 6 毫升，生抽 8 毫升，葱 1 根，姜、蒜末少许，胡椒粉 5 克，油适量

制作方法

◎将腐竹泡发好；鸡腿菇洗净，切块；葱洗净，切段；胡萝卜洗净，切片。

◎锅中下油烧至四成热，将鸡腿菇滑油，捞起沥油。

◎锅中留少许底油，煸香姜、蒜末，将腐竹、鸡腿菇、葱段、胡萝卜下入锅中翻炒 2 分钟，再下盐、鸡精、生抽、醋、胡椒粉调味即可。

> **厨房笔记：**腐竹过油，可以去除异味。

尖椒豆腐皮

原材料 豆腐皮200克，青尖椒1只，红椒1只，猪肉50克

调味料 盐5克，鸡精3克，胡椒粉2克，高汤50毫升，淀粉20克，生粉、油各适量

制作方法

◎将豆腐皮洗净，切成块；青尖椒、红椒洗净，切片；猪肉洗净，切片。

◎猪肉片中放少许淀粉拌匀，入沸水中余透。

◎锅中放少许油，下尖椒、红椒翻炒爆香，调入盐、鸡精、胡椒粉，下入豆腐皮和猪肉翻炒至八成熟，可加入少许高汤焖至入味，然后用生粉勾芡即可。

素味生菜盏

原材料 西芹50克，胡萝卜50克，芦笋50克，马蹄50克，素虾50克，西生菜100克，素肉松或油条碎少量

调味料 油5毫升，盐3克，鸡精3克，白糖2克

制作方法

◎将西芹、胡萝卜、芦笋、马蹄、素虾全部洗净后，分别切碎。

◎西生菜叶洗净，剪成圆形，制成一个个小菜盏。

◎热锅注油，放入所有切碎的材料，翻炒至熟，调入盐、鸡精、白糖，翻炒均匀。

◎将炒好的菜均匀地分装在西生菜叶上，撒上素肉松或油条碎即可。

木耳烤麸

原材料 黑木耳50克，烤麸200克，红椒1只

调味料 姜丝5克，盐6克，素鸡粉8克，油适量

制作方法

◎黑木耳泡发好，洗净，入沸水中余烫备用；红椒洗净，切片。

◎锅中下油烧至六成热，下烤麸炸一下。

◎锅中留下许底油，下姜丝煸炒，再下红椒片、木耳、烤麸及各调味料，炒匀即可。

厨房笔记：烤麸易干，所以此菜可放底油稍多一点。

素蚂蚁上树

原材料 粉丝 250 克，泡菜 50 克，卷心菜叶 1 大张，红椒丝 3 克，素肉丝 50 克

调味料 油 50 毫升，盐 5 克，蘑菇精 5 克，白糖 3 克

制作方法

◎粉丝放入热水中浸泡至软，捞出沥干水分，备用；泡菜洗净，挤干过多的水分后切细，备用。

◎热锅注油，倒入素肉丝过油后捞出，沥干油分备用。

◎锅留底油，放入泡菜煸炒片刻，加素肉丝、粉丝、红椒丝一起煸炒至熟，调入盐、蘑菇精、白糖，翻炒均匀。

◎将整张卷心菜叶摆入盘中，装入炒好的粉丝、泡菜、素肉丝、红椒丝等，略作装饰即可。

泡椒素肥肠

原材料 泡椒 100 克，芹菜 50 克，素肠 200 克

调味料 盐 5 克，素鸡粉 10 克，姜丝 10 克，油适量

制作方法

◎芹菜洗净，切段；素肠切成片，氽水备用。

◎锅中下油烧热，爆香姜丝、芹菜，下素肠，调入盐、素鸡粉，再下泡椒炒 2 分钟即可。

> **厨房笔记**：泡椒的品质直接决定着成菜的品质，因此一定要选用色泽红亮、辣而不燥、辣中微酸的优质泡椒。

甜豆炒素腊肠

原材料 甜豆 250 克，素腊肠 150 克，百合 25 克，胡萝卜 5 克，木耳 5 克

调味料 盐 3 克，蘑菇精 3 克，白糖 2 克，姜末 2 克，生抽少许，油 300 毫升

制作方法

◎将甜豆洗净，去老筋；黑木耳、百合分别用清水泡好，捞出沥水备用；胡萝卜去皮洗净，切成片；素腊肠洗净，切片。

◎甜豆、百合分别放入沸水锅中氽烫过水，捞出，沥干水分。

◎热锅注油，烧至四成热，倒入素腊肠过油，捞出备用。

◎锅留底油，烧至四成热，放姜末爆香，倒入甜豆、百合、木耳、胡萝卜片滑油片刻后，加入素腊肠略炒，调入生抽、盐、蘑菇精、白糖，翻炒均匀，即可起锅。

图书在版编目（CIP）数据

小炒王 / 美食厨房编著. -- 成都：成都时代出版
社, 2014.1

ISBN 978-7-5464-0975-7

Ⅰ.①小… Ⅱ.①美… Ⅲ.①炒菜－菜谱 Ⅳ.
①TS972.12

中国版本图书馆CIP数据核字(2013)第236601号

小炒王
XIAOCHAOWANG

美食厨房 编著

出 品 人	段后雷	
责 任 编 辑	干燕飞	
责 任 校 对	张 旭	
装 帧 设 计	◎中映良品（0755）26740502	
责 任 印 制	陈晓蓉	

出 版 发 行	成都时代出版社
电 话	（028）86621237（编辑部）
	（028）86615250（发行部）
网 址	www.chengdusd.com
印 刷	深圳市福威智印刷有限公司
规 格	787mm×1092mm 1/16
印 张	10
字 数	280千
版 次	2014年1月第1版
印 次	2014年1月第1次印刷
印 数	1-15000
书 号	ISBN 978-7-5464-0975-7
定 价	35.00元